猴面包树

FANNY NUSBAUM

LE SECRET DES PERFORMANTS

出色表现的秘密

[法] 范妮·尼斯博姆 著　　王存苗 译

电子工业出版社
Publishing House of Electronics Industry
北京·BEIJING

有了梦，就要行动，

否则就成了废人。

得去看看，

什么都得去看看。

我不说我看得清，

我不说我去该去的地方看，

但我会去看看。

—— 那，看了之后呢？

—— 全忘了，即刻就忘。

于是，在我内心深处，最强烈的，

就是去看看的欲望。

——雅克·布莱勒 (Jacques Brel)

译者序

让自己更加伟大

范妮·尼斯博姆的第一部著作《嗜思认知者》凭借其给人留下的深刻印象在法国大获成功。《出色表现的秘密》是作者新近出版的又一力作，其影响力与前者相较有过之而无不及，媒体曝光度节节攀高，一跃成为畅销书。

范妮之所以能得到认可，是因为她对于概念准确性的考量极为细腻。多年来，心理学概念层出不穷，有"天资超常者""早慧者""高潜力人士"……但这些在范妮看来都不够准确。比如"天资超常者"这一描述更多地体现了该人群所拥有的一种天赋，是上天赋予的，或多或少有些不可知论的色彩；又如"高潜力人士"，"潜力"本身是一种不确定的因素，并不是现有的可以准确衡量的东西，或许说每个人都有潜力也不为过，"潜力"无法从实际上确定地将一类人与其他人区分开来。在多年的思考、研究、实践和大量的脑科学实验基础上，范妮与团队成员大胆提出"嗜思认知者"这一新概念，用于替代之前列举的那些术语，范妮认为这一概念可以更加准确地界定这类人，因为他们的不同之处就在于嗜思如命，思考完全停不下来，且思考得跟别人不一样。这一人群有很强的思考能力，但是否能有出色表现，这一点并不确定。

《出色表现的秘密》是继《嗜思认知者》后的进一步理论探索与创新。它重新定义了"智慧"的概念，并且提出了一个整体架构。这一定义与架构几乎与之前所有关于智慧的说法背道而驰。许久以来，人们一直认为智慧是能力，把用来评定智慧水平的测试叫作智商测验就是证据。但范妮和她的团队通过研究惊讶地发现，同样是智商150的人，有些是有智慧的，因为他们可以很好地将自身能力发挥出来，与所处环境同频共振，有令人赞叹的出色表现；而有些则无法调动自身的各项能力，无法与环境完美互动，总是停留在思考阶段，无法为人类、为世界做出贡献，那么这些人就不是智者。在范妮的理论架构中，智慧是一种状态，因为就算是一个公认的智者也并非时时刻刻处于智慧的顶峰。所以，智力的说法并不准确，而"智态"更为恰当。智态又分为三阶，出色表现就是智态的最高阶。

这本书给人的启发，不仅仅限于对智慧概念的探讨，更重要的是它能给如你我一般的普通人以莫大的自我期待。因为，既然智慧是一种状态，那它就是生而为人的我们都可以触及的。只不过，有人更容易进入智慧的顶峰状态并能较为长久地保持，而有人则更难进入此种状态且即使进入也难以维持。作者对于前者做了详细的研究，并用深入浅出的理论阐述一步一步揭开智慧的神秘面纱。作者坚定的信念和有温度的人文关怀让我们对智慧这座高山不再那么望而却步，而是能够更好地体会自己人生中所经历过的那些奇思妙想与灵光一闪的智慧瞬间。来自不同领域的16位成功人士的自述，他们的日常和各种独家秘笈鲜活地呈现在我们的眼前，加之作者提供的切实可行的方法和建议，我们原本以为遥不可及的"大智大慧"变得仿佛唾手可得。

给读者以希望，给读者以方法，给读者以明证。我想，这就是本书成功的三大法宝。在与作者一个多小时的访谈中，我了解到她的最新动态：她和团队成员刚刚完成了一项更有挑战性也更有说服力的实验。通过智商测试和核磁共振成像技术，对60位年龄在25到55岁的来自不同行业的人士进行测试，结果显示他们的智商并无明显差别，而核磁共振结果却有着明显的区别。这一结果恰恰与这60位参试者的实际情况相符，即把年龄因素考虑在内的收入水平。她说到这里时，心中的喜悦溢于言表。一如她对生活的热爱、对家庭的热爱，一如她谈及儿子在网球运动领域取得的骄人成绩。

范妮对孩子的教育也遵循自然法则，她更多地发现孩子们的兴趣和优势，更多地锻炼他们的直觉，让他们能够更好地启动大脑中的系统1而非系统2。在思考阶段结束后立即行动起来，在融会贯通之后立即忘记当初从头学起的方法，进入自动化状态，找到飞一般的畅感，从而实现自我超越，让周围的人惊叹不已，让人类的成果得以丰富，让世界得以前进。这也是她对心理学的定位和期待。她慨叹如今的社会更趋向于让人们安安稳稳地活着，仅仅只是活在这世上，而她认为人类需要不断前进，需要超越自我，需要在这世上留下更加伟大的东西。在这一过程中必然会经历痛苦，但这些都是有益的痛，值得去经历。

范妮本人与生俱来的亲和力令她广受好评，我在与她的邮件往来中也有深刻的体会。她的身影常常出现在电视栏目中，面对法国主持人时而犀利的提问，她总是面带微笑，身披睿智，从容以对。记得主持人抛出一个问题，"我们都知道，疫情之下，大家的士气目前已经跌至最低谷，您这本书现在出版（让大家在禁足期间都去行动起来做出出色表现）是否不太合时宜？"，范妮机智地回答道："可以说是，也可以说否。我们在某一阶段内被束缚住了手脚，很难行动，或许在这一点上可以说是。但最终我认为我要捍卫的观点很重要，我们看到大家第一次被禁足时，都觉得是上天的馈赠，我们可以回归本我，关注自我，重新思考人生，但久而久之我们就陷入了僵局。所以，禁足一个月、一个半月、两个月，是很惬意的，但时间长了，我们就无法承受，无法继续这样思考下去，无法继续只关注小我。我们每个人都感觉到需要行动起来，而且会很高兴看到自己有出色的表现。我想这恐怕就是一个很好的证明。"

每个人都有自己的梦想，但这世上有太多的人会因为各种各样的原因最终放弃曾经的远大理想。亲爱的读者，您一定瞥见过自己一闪而过的智慧灵光，或许您当初会认为这是不可复制的，可遇不可求，但当您走进这本书的世界，会发现一切皆有可能。愿此书能让您遇见更出色的自己！

王存苗

2022年8月27日于合肥

序

智之神秘

别注意我。
我来自另一个星球。
我总见你在天边
画着界线。

——弗里达·卡罗

我用了很多年的时间，从心理学和神经科学的角度，研究并持续关注人类行为与思想的非典型形式。为了更好地了解人类精神世界的运作机制，为了帮助每一个个体过上更美好的生活，我跳出了自己最喜爱的几门广泛研究的学科领域，并很快萌生了一个想法：我想重点研究一些不同寻常的个体，他们不一定会因抑郁、生活危机、特殊压力，或由于其他已知的、在我的专业领域上得到认定的某种原因而感到痛苦。他们的痛苦之处在于，他们通常会问自己很多问题，关于自己的不同之处，关于自己的存在——那个常常让自己感觉脱节、有时又与环境对立的如此特殊的存在。

于是，很自然地，我对一种特殊的认知方式产生了兴趣，并将其命名为"嗜思"。它是一种思考强迫状态，一种特殊的能力，即能够反思、思索、细究、推理，对日常生活中遇到的所有问题，都尽可能地设想各种不同的情况、产生多种联想、体味言外之意。我想将这些心思细腻、非同寻常的人身上所隐藏的那些认知行为机制都清晰地展现出来，以证明它们彼此之间是有区别的，并非如我们所想的那般都是一样的。我拟将这些嗜思认知者分为紊流型嗜思认知者和层流型嗜思认知者两种类别，我们以脑成像技术为支撑所进行的研究已经证实了这种分类的合理性。该分类在嗜思认知者群体中产生了巨大反响，很多嗜思认知者身边的人，还有众多专家也都给出了大量的正面反馈。

我们过去说的"天资超常者"，即专业文献中以及大众潜意识里介于"天才"与"智猴"之间的一种人，早已让位于"早慧者"和"高潜力者"，即所谓的"问题"儿童和成人。这些人在智力上有多高，在心理情感上就有多脆弱，以至于他们与世界的联系常常很不紧密。这两种人的高水平思想活动其实是截然不同的，而以前人们却认为两者毫无区别。许多人感觉到自己的思考能力需要不分昼夜地时刻接受挑战，这些人认为自己既不是过去的"天资超常者"，也不是后来的适应能力差的"早慧者"。尤其是这些词汇经常被混用，"天资超常者"和"高潜力者"甚至已经再无差别，这些智力超常者在已有的类别中更找不到归属感了。

于是，伴随"嗜思认知者"这一新术语的出现，以其为出发点建立起来的一整套理论模型随之诞生。该理论模型的特点是：将这些或普通或特别的个体归为一类，他们都有一个共同点，在日常生活中，思考是头等大事；将层流型嗜思认知者和紊流型嗜思认知者明确区分开来，前者所具备的能力水平更加一致，在所处的环境中属于"瑞士军刀"般本领高强的多面手,后者乃是一群开路先锋,能力水平高低不均,但都具有更强的创造力;与"超级认知"区别开来,"超级认知"所涉及的是在个人最喜欢的领域里发展某种特殊能力(如研究数学、打网球、拉小提琴……)。

然而,无论什么样的称谓,"天资超常者"也好,"嗜思认知者"也好,本领域的专家们(包括从前的我)都认为这一群体的认知机制体现了智慧的最高水平。以前,看到思考能力和推理能力在起作用,就等于看到了活跃的智慧。人们也的确明明白白地把智商测试叫作"智力测试"。因为"哲思认知"通常与高智商联系在一起,更确切地说,与高言语理解指数联系在一起。对此实在无须感到惊讶。理性思维,也就是思考,它与言语能力之间有着特别紧密的联系。当然,除了言语能力,还需要具备良好的工作记忆能力、矩阵思维能力和专注力。在嗜思认知者的认知系统里,理性思维就是中流砥柱,所以他们能够比其他人更幸运地在智商测试中取得高分,这一点无人置疑,毕竟智商测试就是对这种理性思维的测评。

可是,"天资超常者""嗜思认知者"真的跟智慧有关吗?两者之间的联系看起来相当自然。但有些人思考能力超群,煮个鸡蛋却笨手笨脚,这样的人我们大都见过。有一种看法看似能够自圆其说,那就是:思维能力超常的嗜思认知者能够更好地运用他们的大脑去解决生活中的难题，而且因为具备这种能力，他们在日常生活中大都会比其他人表现更加出色。但事实上并非完全如此，因为，表现出色与想法的实现有着割裂不断的联系，想法得变成行动才行。表现出色，最重要的是要把想法变成现实，落到实处。所以，这里说的"出色表现"实际上就是要有结果，有好的结果。出色表现就是胜利的大丰收。

从我能追忆的最久远的时候起，出色表现者，即我们印象中那些无事不成的人，就一直引发我的思考。当我试着将出色表现与超级认知、哲思认知联系起来的时候，这种新的尝试带给我更多的思考。

> 生活中，有两种人：
> 一种人看着世界本来的面目自问为什么是这样，
> 而另一种人想象着世界应有的面目，对自己说：为什么不可以？
>
> ——萧伯纳

可以很肯定地说，超级认知者从来就没有真正成为我们不假思索就能用"有智慧"来描述的人。从前，每每提到足球明星、伟大的画家、举世无双的钢琴家……我们不会想都不想就说："这是何等的智慧啊！"我们会说他们很有天赋，甚至天赋极高，意思是他们生下来就具备一种才能，一种可能是他人没有的能力。我们会因为这种天赋而仰慕他们，但是在他们身上并不是总能看到智慧的成分。

相反，按照以往公认的关于智慧的看法，嗜思认知者就不一样了，一些人会称他们为思想者或是知识分子。每当我们在他们身上瞥见智慧的时候，我们便将其视为典范。我们能看到思想转化为行动的时候，才能说这种思想是有智慧的。这是一种认知偏误，我对此很感兴趣。在超级认知者和嗜思认知者中，当然有善于跨界、融会贯通的出色表现者，但也有表现平平（处于平均水平）甚至糟糕透顶的。此外，在出色表现者中，我们发现有些并不是嗜思认知者。于是，我又开始思考这个伤脑筋的难题：智慧与出色表现的辩证关系。出色表现者身上有种神秘感，我想一探究竟。我不断地问自己他们是否有智慧。这些人无事不成。不，我们以往说的有智慧的人不是他们，但他们身上的确有某种更厉害的东西，能让他们变得卓越超群。他们可以将这种东西强有力地运用到生活中去，对人类物种的进化起到推动作用。这种东西是什么呢？

我已经听见那些毒舌之人在嘲讽:"如果说某位足球运动员代表了人类进化后所诞生的精英,那我就真不看好我们这些普通人了!"可是,出色表现,是胜利,是催化出来的那种强大无比的力量,我们用上了整个生态系统的能量才使其壮大、变化、进步、进化。

追求强大,这种意志是人类最隐秘的本质。

——弗里德里希·尼采

这就是智慧吗?有出色表现的人,是足球运动员也好,是杰出的科学家也罢,我认为这都无关紧要。镜子中的自己也好,现实中真正的自我也罢,于我而言,都无关紧要。出色表现,似乎在智慧的产生过程中处于核心环节,甚至处于巅峰时刻。出色表现应该有一个范式,还是出于偶然?一些人成功了,另一些人没成功,这是偶然吗?经过长时间的研究,我终于找到了出色表现的范式,找到了它的结构特征:思维敏捷、情绪自治,具有吸收性心智。找到这一范式后,智慧的一个新的定义就出现在了我的脑海中,如同一个显而易见的事实。

本书是我长期研究的成果。在研究过程中，我有疑惑，也有新发现。在你阅读本书时，希望智慧的概念最终能向您展现出一个得体的面貌——为出色表现正名的同时，也能让嗜思认知者感到温馨，我爱他们就像爱自己的孩子。来吧，请您和我一起上路！先来看看智慧不是什么：它不是一份能力清单。让我们一起领会：具备一种能力，就算是超乎寻常的能力，也不足以使一个人变得有智慧。让我们一起了解什么是智慧，了解它的整个系统，它的方方面面。让我们饶有兴趣地来看一看出色表现者，看看他们身上所具备的那些让我们觉得不可思议的东西。最后，让我们一同得出这个令人难以置信的结论：智慧不是一个人所具备的一种内在的永久的属性，而是一种状态。出色表现就是这种特殊状态的高光时刻，优于其他任何一种人类表现。

> 母亲过去常对我说："你要是当了士兵，以后就是将军；做了僧侣，以后就是教皇。"而我想当画家，于是，我就成了毕加索。
>
> ——巴勃罗·毕加索

目录

第一部分
重新定义智慧

第一章
令人费解的智之无常 /026

一个杂糅的概念：超现实主义的智慧 /027
能力和智慧，一样吗？ /032
 人格：自我呈现于世（软技能）/033
 技能：完成任务（专业能力）/034
 思维：助力思想与行动（知识）/035
 上车！/036
智慧是一种状态！ /039
 智慧经济 /039
 阿美利哥·维斯普西 /042
 同频共振 /048
 智慧：一个智囊团！/051
 顺、逆、随 /052
 智慧的转瞬即逝 /053
 天才呢？/055

第二章

圣人 /060

怎样识别出色表现? /061
　　出色表现是什么? /061
　　出色表现从哪里开始? /065
圣杯还是诅咒? /067
　　他有什么比我好的? /067
　　出色表现者:一个(凶恶的)怪物? /069
　　太聪明就不幸福了? /073
　　表现太出色了就不幸福吗? /075
　　问题不在于此…… /077
出色表现的生态系统 /083
　　出色表现:一场约会 /084
　　出色表现三部曲 /093
这样想,会很好(1)…… /096

第三章

出色表现者的能量:敏捷的思维和极高的活跃性 /098

加速 /099
　　批判性思维并不出色 /100
　　出色表现如火箭 /108
　　出色表现者的无意识 /115
避免减速 /123
　　忘掉标准模式,忘掉方法 /123
　　怀疑和讽刺:出色表现的死对头 /127
　　培养优雅感 /134

第四章

出色表现者的心：情绪自治 /142

藐视幸福 /143
  做出色表现者还是受害者？需要进行选择 /144
  珍爱自由，与你的守护者作战…… /151
建起自己的堡垒 /158
  在坡上奔跑：抗脆弱 /158
  忘记自身矛盾 /164
  腼腆者被过分放大的自我 /171

第五章

出色表现者的清醒：忘却 /178

吸收：直觉 /180
  闻时代之气息 /180
  永远不要把什么当成一个原则问题！/188
  没有仇恨 /195
启动：创造力 /200
  选择性意识 /201
  分散性意识 /204
  内在意识 /207
  三种意识是如何相处的？/211
  全然觉知 /212
这样想，会很好（2）…… /216

结语

第二部分
懒惰的头脑

出色表现的大师
——埃马纽埃尔·皮埃拉 /232

和宇宙对话的人
——梅拉妮·阿斯特蕾斯 /244

掌握时间
——弗朗西斯·库尔吉安 /256

为了子孙后代
——克里斯朵夫·法尔吉耶 /274

蒙着眼睛也能出色表现
——阿娜伊斯·理查丹 /290

无名者
——埃马纽埃尔·杜朗 /300

独一无二的人
——伽艾尔·博内尔·桑切斯 /310

演说家
——弗朗克·帕帕项 /322

游戏规则大师
——塞尔玛·肖万 /330

重塑自我的人
——萨沙·戈德伯格 /342

肩负未来
——洛朗·菲亚 /356

精英
——阿托恩 /364

出色表现的哲学
——穆里尔·图阿蒂 /378

原子弹
——劳拉·雷斯泰利·布里扎尔 /388

白兔先生
——朱利安·傅尼耶 /404

懂得遗忘
——弗里德里克·米查拉克 /426

第一部分

重新定义智慧

第一章

令人费解的智之无常

对什么都再三掂量,就不可能不丧失理性。

——埃米尔·齐奥朗

一个杂糅的概念：超现实主义的智慧

我们说某人有智慧，通常是说他善于运用自己的头脑，这里的头脑就是大脑。但大脑具备数百项能力，彼此之间差别迥异。善于运用大脑，可以指善于思考、付诸行动、理解同类、寻找乐趣，会冥想，有自控能力，会生气、攻击、防卫，记得过去、记住故事……甚至包括知道如何正确地吃饭和睡觉。假定这么多项能力中的每一项都满足了某个生态系统中的标准，那它们似乎都可以上升到智慧的层面。因此，智慧是一个不断变化的概念，它的定义是随着处于不同环境中的人们所看重的不同能力而发生变化的。它的概念在不同的时代，对于不同的物种，在不同的大洲、国家、城市，甚至在不同的家庭里都是不同的。

从广义上讲生物智能时，我们喜欢用它来描述一个在受到损害之后可以重新恢复的系统，比如大自然寸草不生的地方可以重新焕发生机。这里其实并不涉及知识获取的问题，人类也拥有这种智能。至于人工智能，只有机器尽可能地做出最接近人的行为时，我们才会认为它是真的智能，而不是当它的逻辑思维水平远超人类的时候。

还有更令人困惑的：一位能将几十本书熟记于心，能绘制精致地图、算术能力惊人的阿斯伯格综合征患者会被认为是特别有智慧的，因为有智商测试为证。他们在某些特殊的方面比大多数人做得好，但他们难以适应新的环境，在跟不同的对话者进行交流时也很难适时地调整社交互动方案，就像人工智能设备一样。然而，对于阿斯伯格综合征患者，我们会说他们具有非典型智慧。至于人工智能，我们会说，用"智能"这个词是错的，因为它根本没有智慧可言。

于是，我们所面对的这些在一定语境中的定义，有时是互斥的。又或者，有些定义太过笼统，如"智慧就是适应"，这种说法似乎有些公式化，且过于宽泛，无法涵盖智慧的所有表现形式。而当我们观察并发现自己的智慧表现是波动的时候，困难就进一步显现出来。每个人行动或思考的能力（如适应集体的能力、机智敏捷的言语回应能力、高位视角看问题的能力、说"不"的能力、解决问题的能力、抗压能力）都不同，我们有时表现优异，有时表现平平，有时甚至表现差劲。况且，就算是我们说的那种有智慧的人，也并非24小时都能展现他的智慧，而我们认为愚笨的一个人也可以灵光一闪，这就使我们更难定义智慧。

> 一个愚笨却认真的人，倘若得到了正确的指引，就能创造出数倍于人类杰作总和的作品。
>
> ——埃米尔·齐奥朗

同样，对一个难以定义的现象进行测定也是一件困难的事。阿尔弗雷德·比奈是智力测试的两位发明人之一，他有句名言："智力，就是我的测试测定的东西。"这其中展现出的超现实主义达利风常常使人发笑。然而，这种回避正面定义的说法正说明：在解释智慧到底涵盖些什么的时候，其实所有人都是犹豫的。于是，我们便将这一现象分解开来，尝试掌握其中的每个要素。我们将其分为几个部分，其一就是"智"，但它并不是一个单独且唯一的东西。就像分析鱼群中的每一条小鱼，我们会略显天真地期望可以借此了解整个鱼群。我们对自己说：人人都有智慧，只不过类型不同罢了。

> 超现实主义者和我的区别，就在于我是超现实主义者。
>
> ——萨尔瓦多·达利

于是，有人区分了包括不同层级推理能力的智商和在大家熟知的情绪智慧上建立起来的情商，另一些人则偏向于使用液态智力和晶态智力这两种相互对立的概念。还有一些人提出了多元智能的概念，如逻辑智力、言语智力，不仅一一列出各种智能，还不时地添加新的类型。但是，这些只是不同的分类，并不是智慧的定义。伟大的智慧难道就是一系列"小智慧"的总和？又或者，它们都是不同形式的智能，如同这世上存在不同类型的流感、不同种类的动物？

诚然，我们每个人生来就具有某个方面优于他人的特性。比如说，某人有音乐天分，某人有烹饪天分，某人有哲学天分……但是，这些特性怎样能真正赋予我们一种高级的智慧呢？更何况，这些特性被认为是一成不变的特性，如同我们所拥有的固定资产或不属于我们但属于他人的固定资产。事实上，根据经验来说，这些特性的体现还是相当不稳定的。随着疲劳程度、情绪状态以及周围环境刺激的变化，即便一个程序性记忆能力较强的人，也可能在几小时内怎么也记不起他的银行卡密码。同样，一个情商较高的人，也可能在走霉运的某一天无法与他人正常交流。如果说我们每个人都有某些至少比他人好那么一点点的潜力，尤其是这些潜力如何发挥出来还取决于另一个更加不确定的因素，那么，我们怎么谈智慧呢？在某人擅长某个领域这一事实中，智慧又体现在哪里呢？

当我们研究智慧发展可能出现的情况时，问题又变得更加复杂了。一个能力一般的人，如果通过大量练习获取更多的词汇量，锻炼自己的逻辑能力——数学"智力"，不断积累文化常识，除此之外还像运动员一样锻炼自己的专注力和记忆力……那么，他的智商肯定能提升。相反，某人自动放弃了上述方面的良好习惯，他的智商一定会下降。其实，如今我们都知道，一个人智商测试的得分随着时间的推移会有上下平均20分的变化幅度！而我们这些专家，面对"高智商潜力者"这一概念时是很尴尬的，这个概念本应该用于描述智商高且不断产生哲思的人。当有人问我们是否可以获得或失去一种高智商潜力时，我们怎么回答呢？一方面，一个人的智商可以随着时间的推移发生变化，另一方面，一个人对于哲思的爱好难道就永远不会停歇吗？是否应该在智商这个概念里仅仅看到一种测评结果？虽然是很有用的测评，但只是瞬间有用，测评结果是跟大脑执行功能（组织思想）的使用情况联系在一起的。设想，将人们惯常归于智慧这一概念之下的不同特性、不同认知功能视为简单的能力，岂不是更符合逻辑？而说到能力，让人想到的就是我们能做、能想、能展示出来给人看的能力，它囊括了知识、专业技能和软技能。虽然能力一般来说更为稳定持久，但随着年龄的增长和环境的变化也会有所提升或下降。说人有能力，都是一项一项地算的，没有按半项算的，对于能力也没有不同的解释，因为有就是有，没有就是没有。但就算有，也并不意味着我们每时每刻都能使用它。比如，一个容器有90升的容量，不是说它无时无刻都盛满90升的液体，只是说它能装90升的液体。

能力和智慧，一样吗？

> 成功或失败的原因，更多的与心态而不是智力有关。
>
> ——沃尔特斯·科特

我们每个人都具备一些能力，也都有自己的强项，但为什么要把这些能力叫作智慧呢？为什么有时甚至把一种囊括了智商所有的因素或是大脑的各种组织功能的能力叫作智慧呢？让我们一起仔细审视一下能力这一概念到底包含了哪些内容。或许可以将其定义为：人类为了与其所处环境发生互动而产生的某些功能或某些本领。这里涉及三种能力，我们每个人身上都有，从最普遍的到最特别的，依次是：人格、技能和思维。

人格：自我呈现于世 (软技能)

人格是把人与人区别开来的所有行为因素的集合，是在我们与世界的关系中经常表现出来的东西。比如，说一个人很安静，并不意味着他从来都不生气。只是我们在他身上观察到了一种安静的行为特性，这种行为特性将他与大多数人区别开来。这也并不意味着其他人都不安静，只是这个人一般会比别人更安静，或跟相同环境中的其他人相比，更经常地处于安静的状态。因此，我们可以找出一个人在一个环境中不同于其他人的一系列行为，这就是他与其他人相区别的地方。

如今，要想对人格进行测评，有许多观察量表、观察检核表或其他测评指标可供选择，其中包括大五人格量表、九型人格量表、迈尔斯—布里格斯类型指标……这些测试方法都不错，但很可能出现与指标不同的心理行为，因为可供参考的量表不够详尽。另外还有心理行为组合的情况，大家对此都有切身体会，其组合数量之多也不容忽视。用大五人格量表测试出的属于相同心理行为组合的两个人，用九型人格量表或迈尔斯—布里格斯类型指标测试的话，就不一定属于同一个组合，因为不同的人格量表测评的是不同的维度。所以，量表的数量是无穷的，它们也并不存在对错。

在能够揭示出我们自身千百面的量表之外，我们的人格其实就是这种特殊的自我呈现于世的能力。正是这样一种能力，基本上把我们与他人区分开来，也正是它把我们内在的运作机制外展出来。总之，人格是我们与世界发生一般互动的独特能力。

技能：完成任务（专业能力）

人类同任何一种生物一样，有着不同的技能。这些技能是可开发的，或随着时间的推移可自行拓展。技能对应的是一种素质，是一种专业能力，它足以使我们较好地执行某些任务。我们在保证完成任务的前提下所耗费的精力越少，人们就越会认为我们是有能力的。

技能分为很多种：骑自行车、演讲、推理、想象、驾驶车辆、烹饪、阅读、跳舞、近观、远观、爱、用舌头去碰鼻子、打网球、刷油漆、心算、修理、弹钢琴、布置周边环境、预测事情发展，还有自嘲、原谅、说"不"、理解他人、理解自我、临摹、短跑、长跑、绘画、温柔待人、质疑一个问题、单腿跳、进行色彩搭配、辨别唯美主义、用3D模式看东西、自由泳、侧泳、辨识一种味道、自创一种香水、听懂音乐、作诗、沟通、写一些严肃的东西、被爱、搞笑、回顾过往、展望未来、抓住当下……在认知领域中，无论是一般认知还是特殊认知，我们都可以列出一个百科全书式的目录，囊括以上所有细分的技能。而现在最重要的是，我们要明白一些人展现出普通的素质（抑或先天素质），而另一些人却在特殊领域（超级认知）或整体思想上（嗜思认知）表现出超乎寻常的优良素质。

思维：助力思想与行动 （知识）

为了实施一个行动或构建一个思想，我们的认知必需借助思维，执行功能是必不可少的辅助因素。规划功能是辅助因素之一，它使我们能够组织思想或构建行为。没有规划功能，人就不可能使用语言，不可能安排自己的时间进行运算、学习、制定战略、说理，也不可能开展抽象思维。当需要在有限的时间里记住一条信息，以便在一项任务中能够运用它时，或在更新原有的知识时，工作记忆及其更新功能就在发挥作用。记忆的阻断及其必然的结果——专注，可以屏蔽干扰，以便能够引导并保持自身的意识专注于要完成的任务上。心理灵活性能使我们从一种认知操作转向另一种认知操作，更换任务、战略，让思想适应新形势，也就是我们所说的流畅思维。

当然，所有这些功能都是错综复杂的，在大脑中并没有哪一个区域专门负责哪一项任务。然而研究显示，这些功能主要位于大脑前额叶的执行功能网络中。有些人将这些功能称为"高水平认知功能",当然,对于这种叫法,我们还可以再做探讨。但这一"高水平"的价值认定或许可以解释为什么人们普遍认为智慧存在于这个地方。

上车!

我们的选择比我们的能力更能体现我们是谁。

——乔安·凯瑟琳·罗琳

为了更形象地阐明这三种能力和它们与智慧的区别,可以用汽车来打比方。

汽车的"人格",即其呈现于世的方式,首先从驾驶室体现出来。它可以是跑车、轿车的驾驶室,也可以是SUV的驾驶室。品牌,车身独特的形状、颜色,座椅面料、车载工具以及所有区别于其他车的特征都是其"人格"的一部分,是向人展示出来的,也是它区别于其他车的方式。汽车的"技能",可从发动机的功率、车轮的灵活性、可搭载的人员数量、后备箱的容量、刹车的性能等方面展现出来。汽车的"执行功能",即所有辅助驾驶的设备:方向盘、转向灯、前照灯、仪表盘、双闪灯、后视镜、雨刮器、GPS、变速箱、ABS……

所有这些构建出了一辆汽车的全部性能，也就是它能做什么，它有哪些潜力可以让它与这个世界进行互动。但如果只是看到停在家门口的某辆车，或者只是坐进去却不启动，那并不能展现出这辆车的性能。当然，这辆车肯定具有某些性能，但没有"智慧"。只有当车辆在路面上行驶的时候，或者当车能够更好地把性能全部展现出来的时候，才涉及"智慧"。一辆在交通信号灯变绿时超越其他车辆快速启动的法拉利，一辆成功攀越峡谷的四轮驱动车，一辆能漂浮在水面上的水陆两用车……顺着这个逻辑，我们就能明白一辆法拉利在结冰的山路上其实并不能展现出它最卓越的性能，也不能创出佳绩，一辆四驱车在赛道上也是一样。除非将法拉利在结冰路面行驶并成功到达山顶这一事实本身就认定为一种佳绩，也就是挑战大自然且无论境况如何都能成功的一种伟绩。

从对这些性能的简单描述中，我们就能隐约地看出它们与智慧的区别了。我们可以有很多能力，但只要我们没有将这些能力表现出来，就没有智慧可言。而且，将人类的智慧简化为辅助因素的数量和质量，也就是说简化成为执行功能，难道不荒谬吗？因为，当我们测IQ或者说理性思维能力时（时至今日，人们对智慧概念的理解依旧如此），其实只是看到了我们的"转向灯""后视镜"和"GPS"，即使"发动机"还没有启动……为什么要一直把智慧和它本身具有改造功能这样一个维度生生割离开来？为什么我们还要继续将智慧视作一种不变的、永恒的、与生俱来的天赋？然而，我们每个人都本能地感知到在智慧里有一种神奇的东西，它完全超越了一份简单的知识、技能或软技能列表。这是一种让我们感觉很有魔力的东西，因为目前还没有弄清楚它是怎样起作用的。换句话说，为什么要将智慧简化到只剩下其原有的机械组成部分——能力呢？智慧不是能力，而是能力的显现。

当然，智慧的萌生需要能力作为基本的元素。我们也知道自己或多或少都具备一些能力，但同时也需要一个能够促使各种能力展现出来的好环境，需要将这些能力激发出来，使它们与这个环境进行有利的互动。更高一级的智慧，其萌生的条件还要多一个对于能力成功展现的肯定：各项能力与环境之间的互动需要得到观察者的肯定。换言之，没有观众的肯定，就没有高级智慧的诞生。薛定谔的例子更让人惊讶：只要不打开盒子看，这位物理学家的猫就始终处于生死叠加态。因而高级智慧的存在，只有有人在那儿观察的时候，只有他人在那儿评价这一智慧水平高于另一智慧水平的时候，才可以确定下来。看到智慧展现在眼前的时候，我们还需要知道观察的究竟是什么。

记住：伴你一生的那个唯一的人，就是你自己！无论做什么，都要让自己充满活力！

——巴勃罗·毕加索

智慧是一种状态！

现在，您将会非常肯定地认为，对智慧的常见定义的确有让人觉得不合理的地方，让大家明白这一点，也正是我的意图所在。首先，在常见的定义中，有一个相当明确的能力集群，也就是我们所拥有的这些才能的一个综合体。而智慧，是让能力展现出来的那种魔力，我们正是要对这种魔力一探究竟。其次，在常见的定义中，将能力视为智慧的唯一标志，而这些众所周知的理性思维功能，在我们的大脑中起的其实是协助理顺思路的作用。

智慧经济

每个群体或许都有自己的道理，正确的东西并不存在于群体之外。

——恩斯特·冯格·拉塞斯菲尔德

生命体内有很多特殊的功能，这些功能且处于互动之中，这种互动通常服务于一个更大的系统，即由彼此之间发生强互动作用的元素组成的整体。互动强度之大，以至于我们无法孤立地看待任何一个元素。宇宙中的系统数量或许是无穷无尽的：整个宇宙、一个星球、一个细胞、各种天气、一个原子、一朵花、一群鱼、一条鱼、一个团队、一个人、一场龙卷风、一片青草地……而一片草地在一个孩子踩踏后或在一只小瓢虫到来后，又会变成另一个系统。

在这种视角下，一个既定系统中的每一个元素都有一种功能或形式，但它在另一个系统中又会有另一种功能或形式。那么，一个水分子可以根据所处系统的特性以固态、液态或气态的形式呈现。因而，我们无法将水定义为一种液体物质，哪怕在大多数情况下我们看到的水都是液体。所以，必须把水的结构（水的特点、能力）和其特点的展现这一方面，也就是使其特点在特定的生态系统中展现出来的那种操作或者"魔力"，区分开来。

同样，我们可以说，任何一种东西的展现都取决于与其发生互动的系统。根据这种互动是否得到正向反馈，我们可以评判它的功能和价值，以及这是不是一次成功的互动。假如把一汪水置于炎热干旱的沙漠中，这种互动（在人眼看来）收效甚微，水很快就变成了蒸汽；将这汪水洒入一片绿地，你就会看到有生命、昆虫、植物等生物的整个生态系统发展起来。在这个意义上，存在着一个生命体的"经济圈"，这个"经济圈"里有交换，也发生着转变。当这种"经济圈"运转良好时，我们就可以说这是一个"合格"的系统。当结果高于人们的普遍预期时，我们会说这是一个"出色"的系统。而当结果呈现出的是一种不良的状态，不符合环境的期待，那就是一个"反相"的系统。我们每个人都做过蠢事，出过差错，这种"经济圈"也可能呈现出"反相"的结果。由此，我们可以看出，合格、出色、反相是与某一特定环境发生互动的不同方式所产生的不同梯次的结果，这些结果相对于我们一般意义上观察到的结果而言，有所区别。那么，假如智慧其实就是这种"背景情况下的现象"，即人与生态系统间会展现出不同层级能力的一种互动呢？

在大流行性疾病蔓延时期，在这样的背景下，人们所期望的无疑是护士或生物学研究人员能够比足球运动员处于更加智慧的状态，能够充分发挥他们的能力。足球运动员则是在安定的社会背景下更容易出名，更容易实现自己的梦想。如果我们顺着这个思路思考，那么要想产生一种高水平的智慧，恐怕是需要处于一种在某个特定时代背景下能够发挥自身优势并备受人们肯定的状态。

没有什么比在一个非理性的世界实行理性的投资政策更糟糕的了。

——约翰·梅纳德·凯恩斯

显然,我们的世界不需要"A或B"——生物学家或足球运动员,而是需要"A和B"。为保证人类的生态系统得以延续,我们需要生物学家和足球运动员在他们各自的领域里以良好的智态做好本职工作,为了不同的目的,在不同的方面、不同的地点。一个处于良好智态的农民,也就是一个能胜任农活的农民,通常能够展现出让土地产出最好果实的能力,凭借其作为庄稼汉的准确直觉发挥其判断力。一位金融家可以将其整体抽象的经济观讲述得淋漓尽致……宣称智慧的这种或那种不同的表现站不住脚,恐怕是一种对人类社会有极大危害的统一机制在作祟。

阿美利哥·维斯普西

美洲大陆当然在哥伦布之前就已经被发现了,但这个秘密保守得很好。

——奥斯卡·王尔德

在人类的认知中，我们可以观察到各项能力有一种特定的结构，这种结构不怎么发生变化。我们的认知特性——人格、技能、思维，奠定了我们的个人特征。这让我们每个人在日常某些时刻或在很长时间里都感觉到自己是独一无二的，让我们找到了自身行动的意义。但这些能力的发挥路径会随着内外环境的变化而变化：它们有不同的状态，也必然会发生变化。首先需要列举的就是能量状态、情绪状态和意识状态。即使是比较外向的人，也不会在所有情况下都表现出同样的外向模式，这取决于我们是疲惫还是神清气爽，是处于积极还是消极的情绪之中，意识状态是飘忽不定还是注意力高度集中。此外，根据自身的能力，我们每个人的能量状态、情绪状态和意识状态都会有一定的倾向性。外倾性格的人会感受到自己天生拥有活力和积极的情绪状态，但他们很难达到一种长时性或高强度的选择觉知（专注）。如果说改变一个人的能力是一件难事，因为我们触碰到了个人身上的某个偏结构性的东西（改变人格、获得一项技能或开发执行功能需要很长的时间），那么，调整一个人的能量状态、情绪状态或意识状态是比较容易的，它可以反过来对个人身上偏结构性的东西产生作用。

我们可以将能量状态分为三个子状态：分散态、协调态和多动态。意识状态可分为三个子状态：内在觉知、选择觉知和全然觉知。情绪状态也可分为三个子状态：失态、适宜和兴奋。这三种状态和它们各自的子状态之间还会互相作用，产生一些对等的状态，彼此间互相影响。于是，每一个子状态都会在其他状态中找到一个对等态，比如意识状态中的内在觉知与能量状态中的分散态和情绪状态中的失态就是对等的。而且，一个状态的调整会自然而然地对其他状态产生作用。也可以说，一个状态的调整要么源自外在环境的一个作用，要么源自内在的、主观的、合乎时宜的一个决定。

不了解认知能力（具有稳定的结构性）和认知状态（具有多变性）的区别，尤其是不了解它们之间永恒的辩证关系，可能是将能力与智慧混淆的原因所在。因为，智慧显现出来的时候会凸显出一种能力，我们就此认为智慧和能力是同义词。大家普遍接受的观点是：智慧如同能力，是一种结构性的品质，要么具备，要么不具备；要么聪明，要么不聪明。也正因为这样，我们才发明了一千零一种测试，很笃定地认为能够以此测评一个人一成不变的智慧水平。然而，这些测试测出的，其实仅仅是我们每个人所具备的上百种能力中的某一种能力罢了。每一次测试，研究者都对该测试过程进行长篇大论，我们也看到涌现出了一批解释测试项目和测试结果的专家，他们就好像掌握一门外语的翻译人员一样。

> 你的心灵在白天走不远，因为它会在你看到的东西那儿停下来。
>
> ——费恩

其实，智慧是作为一种非持久的现象展现出来的，以波动起伏的方式在一天之中、一生之中发生着变化。它是在一种特殊的内外环境作用下以某种形式所激发出来的一种状态。归根结底，智慧是作为一种状态展现出来的。

智慧本身并不是一种品质，不是IQ，也不是一种特殊的能力，而是个人与所处环境相遇时产生的一种状态。不是我们聪明与否的问题，因为大家都在某些时刻处于智态，而在另一些时刻不处于智态。

因此，从生命体的整体角度来看，各种状态都是有时限的行为或表达，与周围的环境有着千丝万缕的联系。比如，如果说一棵树的结构在同一段时期内整体保持不变，那么，它的花期或健康所呈现出的一些特征就与内外环境有关系，而我们可以称这些特征为"状态"。当然，一种状态包含不同层级的子状态，这些子状态又有同样多的变异体：我们每个人都可能呈现出愚笨与绝顶聪明交替的状态，这取决于某一时刻的处境，以及这种处境可以展示出的我们的能力。哪怕我们有着惊人的记忆力，在忘记信用卡密码的那一刻，我们就是愚笨的!

任何一个生态系统，根据自身的属性，或多或少都是有利于人类能力的展现的。如果一位母亲每次在孩子从陡坡上跑下来的时候都发出"哦!"的一声，这就能形成条件反射，使孩子规避风险。相反，如果这位母亲发出"啊!"的一声，则会鼓励孩子继续这么做。然而，我们的人生其实被标记上了这些"哦!"和"啊!"，就是它们决定着我们为数较多的行为与思想的条件反射。最初，人们就对不同的文化形成了不同的条件反射，如认为德国人严谨、意大利人有着无法抗拒的魅力、苏格兰人倔强……在下一层级中，有巴黎人压力大、马赛人轻松、巴斯克人骄傲等刻板印象。大脑通常会顺应这样或那样的条件反射。再下一层级，是关于家族的，比如认为杜邦家族勤勤恳恳，杜朗家族活泼开朗、懂得享受生活，马丁家族有点儿自闭，但跟他们熟了之后，就会发现他们心地善良。

我们的善恶概念，我们在政治上的所有选择，我们的品位，我们的判断，我们的爱，我们买的东西，我们所有的行为都是通过一种无意识的反射遵从我们所属系统的法则,又或者是,遵从我们所属不同系统之法则的一种特殊组合。

一般来说,既然我们处于一个功能性的生态系统之中,并在此系统中发展变化着,也就是说,既然有能让成果得以产生的系统规则和与系统的互动的存在,那么我们就能够用正确的方式将自身能力展现出来。如果更深入地观察每个(家庭、友谊、职场、社会……)系统的特性,我们甚至会发现每个人都能展现不同的能力或同一种能力的不同方面。换句话说,在与之互动的不同系统中,我们会发现一个人的人格、技能和思维只有某一部分、某一方面能得到彰显。

有时,会出现令人兴奋的时刻,一切都变得明朗:想法层出不穷,笑得恰到好处,与对话者谈得投机,交流体验非同一般,完全不受谈话时长或内容的限制。在这一刻,可以说我们达到了一种高层级的智慧,进入了出色表现的状态,互动非常"成功"。其他时候或跟其他人在一起时,状态会完全相反:感觉到交流不畅,好像一切都那么艰难,我们想弥补这一困境却又做过了头,身体僵硬、思维卡顿。为什么会有这么大的不同?很简单,就是因为智慧是一种状态,如同所有的状态一样,它是会变的。

同频共振

同频共振是一种物理现象，我们可以通过想象荡秋千来理解这一现象。如同钟摆、海浪、地震波有自己的频率一样，荡秋千也有来回摆动的规律。在荡秋千的过程中，秋千在做简谐振动。简谐振动有其自身固有的频率，也就是系统每分钟的自振数。比如说，我们在荡秋千时，固有频率是每分钟摇摆15下。但这种振荡运动还有第二个频率——激励频率，也就是一个外力作用于该谐振系统的频率，这个外力可以是给小孙女助推秋千的爷爷施加的。而为了使秋千前后的摆动达到最佳状态，激励频率必须尽可能地接近秋千的固有频率。也就是说，爷爷施加的助推力越接近每分钟15次，秋千摆动的幅度就越大。

同频共振就是这样在能量累积的基础上形成的：起初，需要给到一个较大的力来启动系统，接着，每一次的振荡都会使该系统积蓄更多的能量，维持振荡所需的外力就越来越小，而系统也可以一直处于这种激励态。因此，如果爷爷每分钟推秋千11次，激励频率接近秋千的固有频率，振荡的幅度适中舒缓，较为规律。换言之，秋千将自身的能力展现得不错：每一次摇摆积蓄的能量足以使其在一段时间内保持下去。这种"中等"程度的共振可以被称作"合格状态"。在合格状态下，一个人各项能力的展现与周围环境是协调的，正好符合了环境对他的期待，他懂得去评估什么是这个环境可接受的，什么是不可接受的；他不会带头改变什么，他会回答"到！"。通常，一个胜任工作的人行事之时会做适当调整，展现出的是维持所处环境平衡的必要能力。他输出的能量与环境的需求成比例，处于一种运动和谐之中（协调）；他的情绪是较为中性的，与环境气氛相适应（适宜）；他的精神处于戒备状态，容易接受且很关注他选择的不同刺激（选择觉知）。

现在，如果爷爷推秋千的激励频率是每分钟3次，那么秋千的摆幅一定会迅速变小。每推一次，秋千的冲劲就减弱一些，最后变成一种微弱或混乱的摆动，虽与周围环境的联系依然存在，但有些跟不上。同样，假如爷爷每分钟推秋千20次，秋千原本的摆动频率也会被打乱。推秋千的动作无论是过多还是过少，都是不合适的，都会导致固有频率和激励频率不再协调。原本建立起来的联系就会出故障，无法成功地积蓄能量，而能量的积蓄恰恰可以给到秋千持续摆动的力量。

当能力与周围环境不同步时，就产生了一种"反相状态"：若一个人在融入环境时遇到困难，不能与环境融为一体，他就会有一种沉重的脱节感，好像错过了许多与人交往的机会，觉得自己没处在一个好环境，也没赶上好时候。伴随着这种不能适应环境的失败经历，是一种以疲惫或事倍功半之感为形式的能量流失，是一种能引起焦虑、害怕，甚至有时是反叛的、被他人抛弃且不被理解的一种感觉，总而言之，是一种情绪上的失控。此时，人会特别倾向于自己的内在觉知、自己的思想及自己，会坚定地认为外部世界没有意识到他所经历的一切。

最后，如果爷爷推秋千的频率非常接近一分钟15次，那么秋千的摆幅就会很大，积蓄的能量也变得非常大。小女孩仿佛觉得自己的双脚能碰到天空，脸上浮现出灿烂的笑容。笑，是因为兴奋、情绪激昂，这种感受源自共振，源自空中的摆动，源自每一次荡起时心灵感受的小小提升。每次秋千摆动时，小女孩能够感受到风从脸上吹过，清楚地听到秋千轻微的吱呀声，她享受着与爷爷之间的肢体和情绪互动，毫不掩饰自己的快乐。当激励频率与秋千的固有频率基本一致时，秋千就开始有规律地摆动，而且摆动的幅度变得非常大、特别大……这就是出色的表现。

表现出色时，我们处于一种比合格表现更活跃的状态，甚至是极度活跃的状态。各项能力综合在一起，与某一特定环境完美统一。这得益于这一时空中几乎所有有利条件组合在一起的绝对巧合，我们已不再是简单地与所处环境相契合，而是到了一个超前行动的阶段，因为已经积蓄了太多的能量，我们可以跑在环境需求的前面。在这样一股心流、这种与环境高度融合及高频反应性的助推之下，出色表现者能够超越自我，就像火车头一样，拉着所处的环境往前跑。他体验到一种不同寻常的兴奋，一种在其他情况下找不到的欣喜。他的精神世界如同实现了超联通，处于全然觉知的状态。他的思维能与其他事物自然地建立联系，与所处环境的互动看起来很容易。

智慧：一个智囊团！

我们每个人都能感觉到自己会相继处于三种不同的智慧状态，从"反相"到出色表现，还有那种只是找到了自己的位置并自觉合格胜任的中间状态。但每个人都无意识地经历过一个优先状态，这个状态通常在一生中维持相当长的一段时间。所以，在这种情况下，我们会使用"合格胜任者"或"出色表现者"这样的名词描述自己。事实上，在一生中有一些时期，我们时常处于出色表现的状态，如一位运动员一次又一次地取得胜利；有一些时期，我们时常处于基本的合格胜任的状态，如一位劳动者做好本职工作；还有一些时期，我们受困于"反相状态"中，就像在沙漠中穿行一样。

这就把我们引到对智慧的定义上来。之所以给智慧下定义这么难，首先，是因为它的短暂性。其次，是因为它会勾起每个人心灵最深处、最私密、最主观的经历。最后，它是一个合成概念，我们不得不通过主观的复杂的判断才能下定义。它相当于一个智囊团，由能量状态、情绪状态和意识状态调控。而且，这些状态如同其他任何一种状态，自然必须要有他人的见证才能判断出事实。

顺、逆、随

智慧的三种状态，即合格态、出色态和反相态，都直接联通外部世界，它们必然与现实相联系，处于一种运动之中，或随，或顺，或逆。

任何人都不可能在一个自身能力得以施展的环境以外展现出自己的能力。人猿泰山或森林之子毛克利在纽约大都市或许会处于非合格态或反相态，我们在热带丛林里也同样如此。合格态蕴含着一种辩证关系，一种与现实相当贴近的合作。它一直都是个人能力与环境之间的关系，有点儿像是一种组合或联姻。"随"的情况就是人伴随着生态系统，反之，生态系统也伴随着人，两者手牵手，共同起作用。

最后，出色态源自人在环境中的最佳共振。在这里，人与系统互相促进，二者都拉着对方往前走，如同发动机或加速器。因此，出色表现的定位就是一种人为了环境而采取行动，人与环境不可分。所以，"顺"，或者说"促"，是人与环境彼此承载、互相提升的关系。

反相态，就是脱节、消极，即人与环境的互动有时落后于周围环境的发展。这就是一种"逆"的定位。但要想"逆"，必定需要一个载体。因此，虽有与环境的互动，但反相态是一种抵抗性质的互动，而非相伴。

智慧的转瞬即逝

处于合格态、出色态或反相态的我们，显然是不一样的。同一个人，在不同的时间段向世界展现自我的方式也不一样。思维方式不同，感知自我的方式也不一样，情绪和感受更是纷繁多样，这一切都取决于这个人处于哪一种智态。

我们每个人都会感觉到在某些情况下自己做事不得体、愚蠢至极。每个人也都经历过一切都完美的时刻，那时的想法是正确的、合乎时宜的，说的话在周围人中也是一语中的、一鸣惊人的，我们在聚光灯下完全找到了在场的意义。同一个人，可以有这样两种截然不同的状态和经历。而和平时说的不一样的是，我们并没有经历过聪明却不自知的情况。自我感觉愚笨的时候，我们真的曾经处于愚笨的状态，也就是反相态。而当我们觉得自己光芒四射的时候，我们的确达到了智态的一个中上等水平。

有时，我会和很多人一样，觉得自己笨极了，因为我身处一个不能让自我优势发挥出来的环境里，或者是因为我累了、情绪不好，又或者是脑子里一直在想着别的事，而无法进入同频共振的状态。而在同一天里，在一个能让我的智慧达到顶峰状态的环境里，在我的能量状态、情绪状态和意识状态都有利于让智慧达到顶峰状态的情况下，我也可以让智慧达到顶峰状态。

所以，我们会认为是智慧及其各种状态的易逝性占了主导。处于智态时，无论是合格态还是出色态，我们都会获得成功，即使是不同程度的成功。处于反相态时，我们会遭遇失败。但我们是什么，我们的本质是什么，并不总是跟我们在某一确定时刻的智态有关。一个状态并不一定能确定我们是谁，它只能表现出我们在某一特定时刻是怎样与环境互动的。这就是为什么智态是个"骗子"：它的属性很不稳定，能改变我们的精神状态和行为，但并不能直接体现作为主体的我们是由什么构成的。

> 如果你能在见到失败后又见到成功，并且同时接待这两个骗子……
>
> ——鲁德亚德·吉卜林

天才呢?

> 有天才，好莱坞到处都是天才。要是有才华就好了。
>
> ——亨利·伯恩斯坦

再进一步说，我们要谈论智慧，就不能不考虑有关天才的问题。在智慧的方程式里，天才有其自身的位置吗？要想有美好的智慧，必须有美好的共振，必须感觉到自己完全融于所处的时空之中。出色表现者是火车头，他看得很远，因为他知道追逐的目标。他紧跟时代步伐，甚至还有那么一点超前。但他获得的一切，包括奖牌和胜利，完完全全与当下环境错综复杂地交织在一起。这就是为什么出色表现必定是智慧处于顶峰状态，因为他与所处时空建立了完美的连接，他的能力得到了最佳展现。

天才（代表"最优天资状态"的名词），也能看得很远，和出色表现者一样。只是，天才看得更远：可以预见未来。他能看到别人看不到的未来的法律法规。此外，如果天才想创立思想、创作绘画或音乐作品、创建方程……他们不一定会成功，也不一定会得到公认。换言之，天才并非总是与环境发生互动的，他的成果在当时也并非总能得到公认。有时成果问世很久，甚至在好几个世纪以后，才得到人们的一致肯定，也可能永远都得不到肯定。如果说某些天才事后或离世很久以后才得到承认，那是因为他们通常与世隔绝，游离于时空之外。天才让其哲思认知服务于一个或好几个学科，赋予自己的哲思认知更大的维度，几近哲学。他不仅早于常人掌握了与自己专业领域相关的知识技能，还远远走在整个时代的前面。此外，他的思想和成果不需要更新，它们是无时间性的。

当处于最优天资状态时，我们会感觉到自己的能力实现了超越，整个宇宙都为我们现身提供机会，思维自然流畅且可以无限驰骋，感觉自己就像空气一样轻巧灵动。能量展现的形式是一种对任务的高度热情，体验到的是那种对研究对象完全精通且深度掌握的感受。要拥有这一时刻可能不容易或需要承受痛苦，但一旦走进这一时刻，那一定拥有绝无仅有的满满成就感，是一种心醉神迷的状态，拥有一种无限的快乐。在这一刻，也就是高呼"我找到啦！"的这一刻，灵感闪现的这一刻，有前瞻性的创造力显现的这一刻，人不再处于陆上的世界，而是飘到空中，飞到了云霄之外。他的思想处于超级全然觉知的状态，能够提前预知，比以前任何时候都看得远，能将过去、现在和未来联系起来。天才完全在这个世界之外，与什么都不联通。他以纯粹的方式"运转"，在精神上几乎完全自给自足。然而，他会感觉心中有一种莫名的力量且被这股力量附了身。是过去和未来在互相邀约到他的肉身里做客吗？天才的视野，他"轻盈"而灵活的思维，使他能够一跃很远，进入学科领域的未来，于精神层面上在这样的未来世界自由穿行、畅通无阻，因为无论什么也不能把他重新拉回此刻的现实。思想浮于世界之上，这是他在解码后实现见所未见、闻所未闻的重组而获得的奖赏。这是一种完全与周围环境脱离的状态，我们可以把它比作一种升华，也就是类似于物体由固态转为气态的状态变化。天才是极端的进化，能将环境完全击穿，直至与其分离。固体变成了气体，也就是说思想在，创造力也十足，但不一定在当下有所体现。这一点与出色表现是不同的，出色表现必须在时代气息中有具体体现。

因此，天赋是位居智慧之上的，而智慧必须以具体体现为前提。我们每个人都有可能体验灵感的到来，就像体验所有人类可以有的状态一样。人们常说的"灵光一闪"其实就是我们都经历过的那些一瞬间被一个行动或一个穿越脑际的想法送往永恒的时刻……某些人比很多人更频繁、更长久地经历这些时刻，这些人就是我们所说的天才。

> 什么都不曾是,什么也都不将是;一切都是现在是,一切都有它的生命且只属于现在。
>
> ——赫尔曼·黑塞

某些天才,如列奥纳多·达·芬奇,就可以作出出色表现,因为他们能够成功地与现实联系,让其作品符合自己的时代。他们活着的时候就能得到世人的认可，在自己所处的时代就能获得成功。还有一些天才，如阿尔蒂尔·兰波，当他们的作品最终遇到认可它们的时代之时，他们才得到世人的认可。后者在自己的时代并没有出色表现，与那些怀才不遇的天才一样。我们可以独自一人在房间里做我们的天才，却不能独自一人在房间里表现出色，因为出色表现需要得到世人的一致肯定，而天才不需要。

第二章

圣人

遐想的人是神,推理的人是乞丐。

——弗里德里希·荷尔德林

Intelligence（智慧），究其词源，是由inter（在……之间）和legere（采摘、选择、阅读）或ligare（建立联系）组成的合成词。这就意味着这个词有一个转变的过程，它的属性是活跃的，而不是固定不变的、结构性的，就像能力那样。在哲学和宗教层面上，我们也的确使用智慧这一概念使人区别于动物和神。于是，我们在这一判断中既找到了人相对于动物在智慧方面的提升，又找到了神在人世间的化身，那就是智慧最高水平的样子——出色表现。

怎样识别出色表现？

谁都可以在朋友痛苦时与其共情。而在他成功时与其共情，则必定需要一个妙不可言的性情。

——奥斯卡·王尔德

出色表现是什么？

出色表现是成功或胜利的具体化，远不止于适应环境。一种花能在一个花园里慢慢生长，可以说它适应了环境：植物的每一个部分都像样地完成了自己的本职工作，在所处的生态系统中顺利生长。但在同一生态系统中，当一种颜色更绚丽、长势更喜人、生命力更旺盛的花在它周围开放时,我们就可以谈及出色表现了:一种更精彩、更突出的结果出现了,超过了一般的心理预期。于是,当一朵普通的花在广阔无垠的沙漠里独自开放时,我们就见证了"沙漠+花"这一系统的出色表现。

假如我们把"适应"这个概念理解成向环境所做的回应与环境的期待之间的一种契合,那么,不去想方设法符合环境的期待,在逻辑上就很自然地让人想到出色表现者产生了适应障碍。其实,我们在理解"适应"的时候有一种倾向,那就是仅仅看到两个事物之间相互匹配的关系:一把钥匙能插进一把锁里,是因为这把钥匙和这把锁相匹配,且两者互相适应。但在适应现象里还存在着另一个非常重要的维度:演变。一个系统要想进化,必须实现多样化,即在某一时刻与周围的生态系统产生间隙或是偏离。它可以是一种程序漏洞、一种微型革命、一种能引发整个系统进行重组的破坏力量。这就是我们说的巨变。生命体的进化都源于巨变,巨变是由那些"不正常"的问题引发的。生命体的任何一次进步,无论我们喜不喜欢,都源于"不正常"的问题所引发的巨变。没有成功实现超越的过程,恐怕就不会有生物多样化或进化的出现。那么,对于人类而言,出色表现就是人们多样化行为的体现，如同走向进化所需的一种工具。

茎还在，花不同。

——维克多·雨果

在此种视角下，我们可以把出色表现看作跨过一条裂谷，让我们到达想去之处；是建起的一座桥梁，通往成功的彼岸。出色表现的结果并不局限于一种，而是将多样化引入人类系统。它是在毫无预料的情况下或在计划外取得的一种胜利，是一种源于服务于生命、进化和多样化的先锋行为的成就，是一种在逆境中克服困难取得的成功，因为在低难度的雪道上是不会有出色表现的。

在没有危险的情况下击败对方，我们的胜利也是没有荣耀的。

——皮埃尔·高乃依

想象一下，我们现在在听音乐会，音乐家正在演奏雄壮的乐曲。确切地说，音乐家的出色表现就在这一刻，而不是在他之前彩排的时候。彩排是必要的，但仅有彩排是不够的。如果一个人驾驶着自己发明的飞行器飞跃英吉利海峡，观看者只会在他打破纪录的那天，才会认为他有出色的表现。出色表现不会是正式出场前的成功尝试，也不会是没有成功但已经算是非同一般且为成功做了铺垫的那些尝试。那么，我们现在就找到了出色表现的另一个特征，即出色表现不仅仅是个人的胜利或其所处环境的胜利，而是一种能够展现出来能被人们看到的胜利。事实之所以存在，是因为我们看到了它，因为我们拥有一个感知分析释意系统，出色表现就是成功与周围人们视线的相遇。我们独自待在房间里，门关着，无论我们取得的成果有多伟大，都不会有出色表现。单单只有一个绝妙的想法，而没有把它变成可以看到或触碰的现实，就没有出色表现。冥想的时候没有出色表现，即使我们能感觉到每一寸皮肤都能在振动，或强烈地感受到与宇宙的连接。要想有出色表现，需要在逆境中于公开的场合取得胜利。由此，出色表现的三个维度——"胜利""逆境""可观察性"，展示出它与周围现实联系的紧密性。

所以说，出色表现既是独一无二且蔚为奇观的成就，也是可重复的显著成功。次数多少并不重要。打破一次在离地面好几米的高空走钢丝的纪录，我们就能获得出色表现的绶带。可是，一位职业网球运动员，虽然从未拿过大满贯，也没有闯入过ATP（职业网球联合会）巡回赛的决赛，但他多年保持优秀的职业水准，我们也会说他是一位出色表现者。同样，一位企业家，随着时间的流逝，逐渐使企业不断壮大，使其攀登至顶峰并保持下去，我们也会说他是出色表现者。

理智的人让自己适应世界，不理智的人一直尝试着让世界适应自己。所以说，任何进步都取决于不理智的人。

——萧伯纳

出色表现从哪里开始？

出色表现从哪里开始？问这个问题，有点儿像问天空的起点在哪里。当然，合格胜任和出色表现之间并没有明显的分界线，虽然如此，还是有几个细微差别的。

举一本畅销书的例子。作者的出色表现是从什么时候开始的呢？在写这本书之前，作者先是有了写作的想法，这个想法可能在开始动笔好几年之前就有了。虽有好的想法，却没有把书写出来交与全世界去评判，我们都有过这样的经历。有写一本书的想法只是出色表现的一个先决条件，并不可与最终的表现相混淆。有一天，作者把想法转为行动，开始动笔，即进入此项写作计划的行动阶段。接下来，一小时又一小时，一周又一周，一月又一月，默默无闻地进行写作，直至最后完成这部作品。他的出色表现是从这个时候开始的吗？还不是，因为写作是另一个先决条件，是一个必要但非充分条件。成百上千万人都曾有写作的想法，并一直坚持写作，但并非人人都有出色表现，并非人人都遇见了自己的时代并获得了成功。

那么，作者的出色表现，体现在出版社同意出版这一事实中吗？并不是。有很多人的作品出版了，但成功并没有如约而至。其实，这里描述的三个步骤——想法、写作和出版，仅仅是关乎个人能力而已。一个人，有了一个不错的（抑或是不怎么样的）想法，将其写进一本书里，很高兴看到自己的书出版了，但并没有因此获得显著的成功（没有在出版后的第一年里登上同类书籍畅销排行榜；没有受到业界的认可；没有媒体的关注，哪怕是国内的）。无可否认，他展现出了自己的能力，但他并没有出色的表现。要想从合格胜任过渡到出色表现，还需要让其在一个特定的系统内进入显著成功状态的所有想法和行动。作者需要懂得抓住时机，为彰显作品价值采取方法、创造机会，还需要拥有天时地利：所有这些在一起构成了合格胜任和出色表现之间的差别。

圣杯还是诅咒?

他有什么比我好的?

出色表现者中有思者也有行者,有像懒惰的知了一样只图眼前利益的人,也有像辛勤的蚂蚁一样考虑长远利益的人,有嗜思认知者也有超级认知者,有天才也有普通行政职员,但也有非出色表现者。可是,在我们观察出色表现者的时候,有时不禁会被他的魅力所震慑,觉得他们的成功是那么轻而易举。胜利、完工、奖牌、掌声、钞票就好像雨点一样不断地从天而降。于是,我们在心里想,这纯粹就是神明降福于他们罢了,他们占据了天时和地利,是运气把他们带到了现在所处的位置。

于是,我们责怪运气不眷顾自己:为什么不是我?他有什么是我没有的?他并没有比我更出众,论长相、身高、创造性、意志、勤劳、与人打交道……都没有在我之上,但他竟成功了,那肯定是因为运气。且不说他的表现暴露出他的不优雅、不尊贵、不讲究、"配不上""不低调"……我们的文化也不欣赏他人的出色表现,也无法理解他人成功背后的努力过程。因为我们只看到了出色表现的最后一步——定乾坤的一步,也是把一个人推至聚光灯下的那一步。在我们这样一个爆发过启蒙运动的国家,我们看重那些我们能理解的想法，看重思维，看重漫长而艰苦的努力历程，看重汗水。如果现在有一个人出现了，他一脚把球踢进对方球门，经营一家企业做得风生水起，在座无虚席的会场表演说唱，15岁就成为生态环境部部长，在成千上万人面前高谈阔论，把画作卖到世界各地，出版图书大获成功，在台上跳舞，他是"有影响力的人物"或者能神奇地解答出复杂的方程，他登上领奖台，穿着别人设计的服装……"太浮夸了。他不可能有智慧。总之，他没比别人好到哪儿去。智慧，真正的智慧，是在实验室里长年累月地研究一个细胞，是利用现有资源养活一家7个孩子。从情理上说，高水平的智慧不会藏在出色表现的闪光点之后。我们过多地处于聚光灯下，是因为我们放弃了智慧和卓越之路，而走上了物质和安逸之路。"当谈到出色表现时，在我们的文化背景下，人们自然而然会这么想。我们喜欢出色表现者，有时甚至是一种崇拜，但不是因为他的智慧，而是因为他的光环，他显现出的魔力。我们找到他的某个优点，懂得他们通常是如何抓住机会改变人生的，但这不是智慧。可当想到自己、想到我们的孩子时，其实我们很喜欢有这样的成功、这样的胜利、这样的灯光。因为这是一种爱的收获、赞扬的收获、人生意义的收获，它好似人生的圣杯。

被人爱的时候，我们什么都不会怀疑；爱别人的时候，我们怀疑一切。

——柯莱特

出色表现者：一个 (凶恶的) 怪物？

如果不是我，那会是谁？
如果不是现在，那又会是什么时候？

——希勒尔

某些人听到将出色表现说成"圣杯"会夸张地大叫起来，还会说这世界上有很简单、很幸福的人生。然而，我们中的大多数人在大多数情况下过的还是普通的生活，我们生活在这种妥协的平衡之中。即使我们的平衡不是妥协的结果，而是植根于心的，我们总会时不时地达到出色表现的某个层级，给日常生活来点儿刺激，自我挑战一下，出个名：当手里有一个动力玩具时，我们有时会很想开到最快的速度，看看它究竟能跑多远。还有一些人，对于他们来说，中等水平不是他们的选择，他们不想满足于现状。所以，他们认为出色表现定是人生中那些更值得向往的。因为出色表现让人摆脱普通的日常生活，在一个特定的环境、特定的时刻彰显自我价值并被授予一个领头人的身份。

由于出色表现者的身份带来强烈感受,由于它对应着的通常是积极的形象并带来舒适感,想在职场上获得成功的人似乎会更加向往出色表现。其实,对于我们每个人而言,生活从本质上概括起来就是寻爱和与死亡斗争。而在这两种类似的战斗的经历中,出色表现都能把胜利送给我们:寻爱,通过他人的承认和出色表现享受敬佩之情;与死亡斗争,通过出色表现给予力量。但一般说来,只有通过妥协或忍受,我们才能学会满足于我们所拥有的那些"小确幸"。

> 你想要轻松地生活?那就始终靠近群体吧,然后忘记自己,与其融为一体。
>
> ——弗里德里希·尼采

如果我问您,想要自己的孩子过怎样的生活,单这一个问题,不用考虑任何其他因素,即把所有现实因素放在一边,您很可能这样回答:"我想要他去火星""想要他成为最伟大的舞蹈家或人类史上最棒的足球运动员""想要他成为世界总统""想要他让环保主义大获成功""想要他找到清洁海洋的方法""想要他找到一个人类可居住的天堂般的星球，发明一个宇宙飞船，用光速把我们送过去""想要他研制出一种能对抗所有疾病的疫苗，当然同时也能对抗衰老""想要他给音乐或绘画专业里的规则来一场革命""想要他在一百年内或一千年内发明出所有可以提升人类的事物""想要他获诺贝尔奖""想要他成为前所未有的最伟大的演员"，等等。所有这些换成女性的"她"，这当然也能成立！只是在您重新变得现实的时候才会清醒，这种清醒会指责您的那些欲望，甚至在您回过神来之前，也就是当您说出这些话的时候，这时您会说："哦，我不知道……我不想让他做什么特别的事……护士或者修理工……他想做什么就做什么吧。"

我们之所以对人生没有太多期待，通常是因害怕想法实现不了而失望，并不是因为没有雄心壮志。我们对人生都有很大的期待，但周围环境发出"不该做梦"的提醒，于是随着时间的推移，我们慢慢地就学会了如何降低期望值，还有人自打出生起就开始学习了。

而出色表现者从未降低过自己的期望值。他们成功了，这往往让我们很向往，这揭示出成功是可能取得的，但有时也会让我们很自责。

于是，我们为自己辩护："不是啦！瞧，他们或许在社会上取得了成功，但并不让人羡慕。他们经常是一个人,他们自私,个人生活一团糟,没有朋友,没有爱,他们也不是爱孩子的父母……"我们经常这样看待出色表现者,认为他们就是一群不安好心的自私鬼。为了在自己追寻的道路上不断前进,也许会不得不把很多人扔在路上,弃之于不顾。我们都能想象得出,他们冷酷无情,毫无怜悯之心,是真正的杀手。我们自忖,要想成为出色表现者,必定需要放弃一部分人性。

> 我整个职业生涯都在研究出色表现,研究特别残酷却又是发自内心深处的东西。
>
> ——马丁·弗尔卡德

然而,这经常都是错的。当然,有一些出色表现者是怪人,是无情之人,是破坏者。但这样的人几乎哪里都有,不会太多,也不会太少。显然,出色表现者在行为不端或个人生活不圆满时,大家更容易看到,因为他更多地处于聚光灯下。即便承认这个(错误的)观点,认为出色表现者都是令人讨厌的人,我们也可以提出这样一个观点:他们确实是对身边的人不好,但站在更广的角度来看,他们对于整个社会的进步所做的贡献远远大于那些普通的好心人。一个令人讨厌的人也可以对人类做贡献。但与其判断一个人表现突出或令人讨厌，为什么不能将出色表现与让人讨厌的地方中和一下呢？出色表现不妨碍人遵从人生价值观，它并不会让人变成一个大怪物，但会让人变成一个"突出版"的自己。

一个人在职业生涯中清除了一次又一次的偏见后，容易成为圣人，也容易成为骗子。

——埃米尔·齐奥朗

太聪明就不幸福了？

及时行乐。

——中国成语

许多人都在我的朋友让娜·西奥-法金（Jeanne Siaud-Facchin）这本畅销书的书名《太聪明就不幸福了？》中找到了自己。他们是始终在思考永远停不下来的人，环形思考，充满哲思，就所有事物和人进行发问。显然，我们可以很容易想象到，这些人经常在精神世界的长途跋涉中感到痛苦。但这些人是嗜思认知者，思考能力牵引着他们，把他们卷走，有时还会让他们惊讶得不知所措。这跟智慧没有关系。我们再次提醒智慧是一种状态，一种每个人都可以经历的状态，出色表现则是智慧的最高峰。这种状态，当在其与周围环境的一切最联通、最能产生共振的模式中显现出来的时候，还会激起人的一种兴奋，或至少是一种满足。

请注意，并不是说一个出色表现者一定会在日常生活中处于兴奋状态，也不是说他始终都觉得人生很幸福。但在他出色表现的一个确定的时间段（可能是两秒钟，也可能持续几天）里，在他所处环境中的一切都处于联通状态时，在他可以自如地对环境施加作用的这个时间段里，他会感到非常兴奋。

一个状态的显现必然是短暂的，很难与幸福相提并论，因为幸福是一种可持续的感受。把一种（短暂的）状态比作一种（持续的）感受就好像把一周的假期比作整个一生。更何况，没有什么可以让我们断言出色表现者比其他人经历更多或更少的幸福或不幸……不仅因为出色表现者不一定是那些被一千零一个问题困扰的嗜思认知者，还因为无法证明嗜思认知者比其他人更不幸。或许出色表现者会更易焦虑，这一观点在相关研究领域里存在争议，但并没有研究证明其更加不幸。相反，据研究，高智商者的人际关系更好，他们会更大程度地接受自我，更好地了解其人生被赋予的意义……

表现太出色了就不幸福了?

> 只要我们还对自己不满意,就不是满盘皆输。
>
> ——埃米尔·齐奥朗

那么,出色表现会让人更加幸福,或者更加不幸吗?首先,这就面临着一个问题:什么是幸福?这很难回答。然而,我们可以观察到,幸福需要跟现实拉开距离。也就是说判断自己是否幸福,需要用外人的眼光来审视自己的人生。一提到幸福就会想到的情绪无外乎是快乐、高兴、满意、兴奋、振奋。但说"我快乐/高兴/满意/兴奋/振奋",和说"我幸福"还是不一样。断言我们幸福的先决条件是思考过自己的命运,我们从现状中脱离出来,以便对命运进行分析和判断。而这些是忙于行动的出色表现者从来不会做的。

当然,我们每个人甚至那些嘴上说不想的人都想处于适应、成功或胜利的状态。与失败时相比,我们在成功时与自我相处得更好。当然,要选的话,我们宁愿选择活成一个出色表现者。尽管出色表现者在每次胜利时可能都会比其他人经历更多欢乐兴奋的时刻,处于一个在奖励机制作用下动力持续不断的系统中,每一次成功都会让大脑中的多巴胺在纹状体的推动下达到峰值，但这并不意味着他就比一个合格胜任者在生活中更幸福。他甚至可能会表现得比合格胜任者更痛苦；也可能由于无法抑制对成功的追求，处于非常贫穷、没有朋友、没有亲人一起分享人生的境况。出色表现和金钱一样，不能让人幸福，但它能助力实现幸福人生。

尽管如此，为了更准确地回答前面提到的问题，可以来了解一下我们习惯上所认为的幸福的几大标志。我们发现，高薪总是能让我们更好地感受人生，但当年薪超过75000美元时，我们就不会再产生更积极的情绪了，而低薪通常会让人觉得自己生活得不好，会引发消极情绪。所以，要做选择的话，最好去努力挣钱，为了能够积极乐观地生活(这可是年度建议！)。这或许是句玩笑话，但出色表现与薪资之间似乎存在着一种联系，并且由此可以推知，幸福的某种形式(感受人生)和出色表现之间也是有联系的。我们还发现，与积极情绪相关联的习得感、自主感、充分发挥自身能力的感受、得到他人尊重的感受、在需要的情况下获得支持的感受，也都和高收入有关系。其实，我们可以想一想，是不是金钱让这些心理需求得到满足，又或者说，从广义上看，出色表现难道不也同样意味着有习得感、自主感、努力超越自我的感受，以及看到自身能力在重要时刻得以施展和从环境中获得尊重与支持这些感受吗？无论如何，主观上的舒适感与工作有很大关系，但与婚姻无关，这一事实会使人倾向于对前面所提的问题给出肯定的答案。

问题不在于此……

> 幸福是猪的理想。
>
> ——阿尔伯特·爱因斯坦

总之，我们要讨论的问题不在于此。诚然，在个人能力的充分发展已成为社会发展动力的时代，知道一个群体比另一个群体的幸福度和满意度是高还是低，体现了一种不容忽视的在社会经济角度方面的关注，因为消费及某种社会运动与情绪及个人发展的标准有着深刻的联系。但情况并不总是如此。比如，以前打仗时，我们看到年轻人参军入伍是为了祖国，是为了保卫同胞而获得那份荣誉。无论战争的动机是什么，尽管他们也畏惧死亡，但他们考虑的不是参不参军的问题，也不是找出打仗的理由，而是为了维护祖国和家人的尊严。在战争时期，个人能力的充分发展并未在人们的思想里占上风，今天也一样。

爱国，就是相信你的祖国是对的，因为你出生在这里。

——萧伯纳

在过去，人的生命也不具有和今天一样的价值。如今，个人层面上的生命价值的上升，使是否幸福成了一个核心问题：如果没有幸福，就要弥补。人们对于幸福的集体性关注所产生的影响是多方面的，比如，嗜思认知者的个人发展问题就使临床医生和研究者产生了分歧。临床医生认为，推断嗜思认知者至少可以触及幸福，能证明为其进行特殊治疗是合理的。研究者则认为嗜思认知者的"幸福障碍"并没有那么绝对，也更喜欢研究这个课题。但对于临床医生来说，花时间左右与权衡可以说是一种绝无可能的奢侈，患者的痛苦并不能成为科学实践的奴隶。

同样，出色表现者是否应该接受治疗以获得幸福，在我看来并不是这里需要讨论的问题。关于这一问题，人们只是看法不同，甚至是因为宗派不同而已。无论如何，如果你对这本书感兴趣，很可能是因为你想了解出色表现者的日常行动，或许也想习得出色表现的秘诀。如果你效仿他们，会有不幸的风险吗？当然不会。最糟糕的情况，就是在生活中会遇到更多的未知、风险和不稳定的情况。然而，你对人生的认识和你的情绪应该会有改善,而不是不如从前。

古人最怕的是毫无荣耀的死亡,今人最怕的就是死亡。

——纳西姆·尼古拉斯·塔勒布

归根结底,幸福不是出色表现者要考虑的问题。如果我们让出色表现者来选的话,和所有人一样,他宁愿要幸福,而不要不幸。但他一心想要的出色表现并不以满足自身快感或给自己带来幸福为目的。幸福不是我们在他人身上找到的一种令人钦佩的优点。我们佩服某人的勇气、慷慨大度、幽默,但不会佩服他的幸福。幸福让人垂涎,但不令人钦佩,而出色表现会使人们产生钦佩之感。出色表现是一种超越,一种辛勤的劳动。它让人大踏步地前进,没有时间看日落。这很有可能是出色表现者需要做出的一部分暂时性的牺牲。所有的精力都要集中起来服务于这一坚定的想法:做成某一件大事。

痛苦、快乐和死亡只不过是生命的过程。在这个过程中,革命性的斗争是向智慧敞开的一扇门。

——弗里达·卡罗

晋级至出色状态，就意味着爱上"自残"，这是真的。但没有一个出色表现者认为这是一种幸福的羁绊，因为他们不会问自己是否幸福。处于出色状态，就是捕捉到生活中一个完全非典型的时刻，让自己成为世界上唯一以此方式经历这件事的人，是走进那个人数极为有限的"已做者"俱乐部。要是罗杰·费德勒拿着一杯果汁跟丘吉尔和卡罗闲聊，互相交流各自领域的一些事或一些小窍门，他们或许多半会谈到自己在工作中必须顽强拼搏、强行自律，想要夜以继日地追寻唯一一个始终萦绕于脑际的念头：让雄心壮志成为现实。我们不会在他们的对话中听到这样的话："但要注意啊，丘吉尔，记得要幸福，否则你会半途迷路的。"

> 如果事实与理论不相符，那么事实就自认倒霉好了。
> ——阿尔伯特·爱因斯坦

我经常听见父母们提到他们对孩子的希望时这样说："最重要的是，他要幸福。"我可以承认我一个字都不信吗？首先，因为父母衡量自己的幸福都是很困难的，那如何评价孩子的幸福呢？其次，因为一般父母在说到孩子成人后的未来时会用这样的句子："最重要的，是……"他们通常想象孩子有一份稳定的工作，有爱人，有孩子，有房子，并无其他奢望……可如果这其中缺了一个要素，比如孩子失业或一直单身，或没孩子，或住房车或住在卫生条件差的公寓里……那么通过心理投射，父母就会认为孩子在这样的状况下不能获得真正的幸福。

我还记得那位女士，她的儿子27岁还待在家里。他是嗜思认知者，单身、没孩子、没学历、好几年没工作、一直住在父母家。在家里，他帮忙做很多家务。他喜欢跟年幼的妹妹玩音乐，和母亲一起做饭，和父亲谈论政治（我知道，这看起来很老套，但我不会歪曲事实，只为满足某种斗志昂扬之人的期待）。这位母亲非常肯定地认为他过得不好。在朋友面前，在社交生活中，每当有人问她儿子是做什么的，她都觉得相当丢脸。就这样，她说服了这个年轻人来我这里问诊，他们的对话情况相当令人惊讶：

母亲："我只希望他幸福！"

儿子："我很幸福，妈妈！"

母亲："不，你不幸福。每天无所事事是不会幸福的！"

儿子："妈妈，昨天我把家里打扫了个遍；上周末，我跟爸爸拼装了一个家具；我按时帮妹妹温习功课；我弹钢琴；我经常见朋友；我去看展览；我做很多运动；我是一个音乐协会的一分子，我们经常组织音乐会……我不认为这样是无所事事！是你不幸福，不是我！"

母亲："是的。我很不幸地看到我的儿子糟蹋自己的潜能，他本可以做些伟大的事……"

不，很显然，最重要的不是她的儿子是否幸福。这个事情最终让我确信，幸福既是一个主观的概念，也是一个心理投射出来的概念，如果这种投射对方能受用的话。当我们允许自己自由幻想孩子的未来时（即以全权代理的方式替孩子生活），会向往丰功伟绩，向往做大事。我们把渴望孩子有出色表现说成渴望孩子幸福是不准确的。幸福的梦想是一种成年之后才萌生出来的有关安全感的梦想，为的是保护或平抚脆弱的心灵。幸福是一种屈从。当我们受到现实的束缚，或更准确地说，受到其同伙——实际的束缚时，我们又把期待与要求降了下来，去听社会告诉我们什么是好、什么是坏。出色表现不符合这些社会规则。它从不害臊，不可征服，不守规矩。人有多出类拔萃，就吃过多少苦。我们都想出类拔萃，但又怕吃苦。所以便带着好家长的那份荣耀感说："最重要的，是他幸福。"出色表现就这样降级为幻想——不可告人的幻想。因为最重要的，或许更应该是"种好自己的菜园"，不是吗？

没有什么伟大的东西不是因为一个不切实际的期

望而铸就的。

——儒勒·凡尔纳

出色表现的生态系统

表现出众,无论是在隐秘的角落里还是处在公开的场合中,无论是有意识的还是无意识的,或许都是每个人(往往不愿明说)的梦想。我们要选一个人来做榜样的时候,很少会选择总是失败的人,或仅仅是一个基本称职的"好父亲"那样的人。我们往往更偏向于在出色表现者的行列里找楷模,正是他们让我们感到惊讶,我们想要拥有他们身上哪怕是一星半点儿的才华。青少年时期的我们,会把他们的海报贴在卧室的墙上;弱冠之年,我们制定目标时会效仿他们;成年之后,我们想到他们时会带着一丝悔恨,并对自己说,其实本可以更多地在行动上向他们靠拢,本可以和他们一样取得成功,但为时已晚。

成为你自己想要的模样。

——刘易斯·卡罗尔

在人生的每一个阶段,我们都会做梦、会幻想,可很快又会清醒过来，对自己说：出色表现者有的能力我们都没有，他们的出身是那么不同……没必要做梦。但其实并不是这样，做梦的确是有必要的。或许需要再说一次：出色表现并非总是取决于一种或另一种能力。许多出色表现者都会告诉你，他们在各自的领域中并非一定比别人更有能力，有时甚至还不及他人。出色表现作为智慧的高阶水平，是一种状态。和某些人更容易进入冥想状态或恋爱状态一样，总会有些人总是更容易进入出色状态，但这并不意味着这种状态不是所有人都能达到的。

我们能观察到的是，出色表现存在一个范式、一种构造，是一个能够在特定环境中被激活的多种认知行为特性构成的整体。因此，出色表现的第一步就是要找到一个适合自己、具有激发成功的潜力的环境。

出色表现：一场约会

出色表现是在能力与环境进入最和谐的状态时产生的。换言之，一个人越是跟环境和谐相处，两者之间所发生的神秘化学反应就越能释放出较大的能量，从而激发人取得一次伟大的成功。有时，为了取得成功，为了达到出色状态，并不需要任何特殊的行动：个人的能力自然而然地与其刚刚所处的环境相和谐，两者自然同向。还有的时候,需要给个人的现状来一点儿刺激,使其能够与尽可能最好的环境进行互动、和谐共舞,最终达到出色表现。

我们不要忘了,出色表现不属于个人。我们的认知偏误让我们在理解过程中戴上了半遮眼罩。当我们见证一次出色表现时,通常只看到获得成功的那个人,而看不到促使那个人取得成功的生态系统。出色表现不是一个人单独完成的,也不是单由一个生态系统产生的。没有人可以不与环境和谐共振就达到出色状态,也没有哪个生态系统可以无条件地成为出色表现的载体,即使某些生态系统比其他因素更有利于出色表现。总之,是个人和生态系统之间的互动产生了出色表现。

所以,有多种方法促进出色表现的产生。首先,可以调整生态系统,使其更有利于和谐的产生。比如,一所学校可以选择因材施教,使更多的学生可以把自身不同的能力展现出来,每位学生会因此发现自己能够达到出色表现的机会增多了。另一所学校可以选择只提供一种专业教育,为的是与某些人的该项专业能力达到同频共振的和谐状态。比如,一所音乐学校专门接收音乐天赋高的孩子,这些孩子日日在这里熏陶,他们必然会发现,比起在普通学校接受传统教育,自己在这里达到出色表现的概率更容易得到提升。所以,要想寻找符合自身实际水平的出色表现，而如果此时所处环境不利于出色表现产生的话，那就最好离开这里去寻找一个更合适的环境。

为了进入出色状态，首先要创造适宜的、有利的条件，做好准备工作，因为出色表现并不是在任何环境里、任何条件下都能出现的。一位高水平的运动员，如果没有准备好，也就是说如果没有进行赛前训练、没有最起码的自信，有利于他发挥的大多数因素都不具备的话，也是创造不了纪录的。这同样适用于企业家、画家、工程师或我们中的任何一个人。我们能够触及出色表现，是因为在此之前我们已经在有意识或无意识的状态下准备好了，"只剩临门一脚"。因此，所有有过出色表现的人都会提及那个时刻，那个仿佛所有行星都齐刷刷地排成行完美迎接胜利到来的关键时刻。他们会说到出色表现最后关键时刻的那种心流时刻，也会说到那种轻而易举的感觉，好像毫不费力就能完美收官。

所以，出色表现有两个阶段：准备阶段和实现阶段。很多人都能把所有适宜的条件准备好，用它们来创造一个有利于目标实现的环境，一个功能环境。但并非所有人都能将实现目标的过程进行到底，直至取得更高维度的成功。准备阶段需要创造力，也就是找到思维路径、组织路径、表达路径的能力，但这些路径不是一个环境能自动提供的，需要自己找到不同的路径。需要明确的是，这里的"不同"不一定是"不同寻常"的意思。之所以要找不同路径，是因为它们并非显而易见地出现在我们当时所处的环境中。因此，我们需要将自身的创造才能在日常生活中进行整合。所以，我们需要注意，如果说所有出色表现者都有创造力，因为他们自创一些新的办法使生态系统优化，那么所有有创造力的人并不一定都是出色表现者，因为不是所有的人都可以在所属环境中大获成功。比如：一位企业家可以找到非常有创意的方法使他的企业发展起来，使其具有竞争力，但他或许就停留在合格胜任这一"简单"的阶段了；而另一位企业家的创造力不仅体现在保证企业生命力这一方面，还体现在能够适时地创造或抓住机会，实现由标准化成功到国际化成功的跨越。还有，梵高的创造性及其幻象特征是绝对没有争议的，但他在自己的绘画生涯中从来就没有过出色表现。莫奈和罗丹就跟他不一样了，他们差不多是一个时代的人，但在当时的世人眼中，莫奈和罗丹都能够表达自己的看法且获得一定的认可。梵高仅仅进入合格胜任状态，获得通常所说的成功的企业家和天才梵高都没能达到既符合时代又超越时代的出色状态。

的确有一些环境比另一些环境更有利于生命的绽放。当然，在一个最初并不利的环境里想要进入出色状态也是有可能的，但因为环境的不允许，自己会遭遇很多苦难。所以，最简单的做法就是找到一个适合自己发展的生态环境，追求出色表现的道路才会因此更顺畅。幸好这世界上有无穷多的生态环境，数学上有多少数字，相关的生态环境就有多少。比如，在体育界有数量繁多的运动项目，每一个项目中又有许多专业分工(前锋、门将、后卫、中场……)。此外，在每一个专业分工里，又有细分角色，分别对应着所需的不同心态和专项能力。那么，认为一个孩子是运动员胚子，就是将其引向比普通教育体系更有利于其个人发展的一个生态环境的第一个标志。或许这种认定，就足以使其找到通往出色表现的道路。但走得更远去寻找适合的生态系统，需根据他的人格特征、技能和思维……跟他一起寻找，哪种运动更适合他，哪种运动的哪个专业分工、哪种细分的角色更适合他，或许这些就是这个孩子从年幼时起所需要的沃土，这样的沃土能让他在适合的乐曲中奏响自己的音符。

所以，找到适合自己的生态环境，是进入出色状态的最佳道路。或者，我应该说是找到某一个生态环境。因为，非常有幸的是，对于每个人来说，不是只有一个生态环境可以与之相符合。一如爱情，当我们遇到让自己陷入爱情的那个人时，当时间流逝，我们还是会认为那个人真的是完美的对象，还会认为自己与她(他)是天造地设的一对，但那可能只是我们的幻想。因为，要让地球上自人类诞生直至今日所有的人都在人生的某个时刻感受到这种完美配对的感觉，恐怕需要一种难以置信的偶遇。倘若在这世上只有一人与你般配，那得要多幸运、多偶然。通过一种怎样神奇的魔力，这个人才能恰好就在我们的身边，就在我们家这条街上，在我们的城市里，在我们所处的环境中？不，很显然，虽然这里没有考虑我们都想加上的情侣间的浪漫因素，但在这世上，的确有很多人，有时他们彼此差别非常大，但我们在他们的身边都可以绽放。

> 怀疑，如果你愿意的话，就怀疑那个你爱的人吧，怀疑一个女人或一只狗，但不要怀疑爱情本身。
> 爱情是一切，爱情，还有明媚的生活。
> 爱是重点，谁做情人重要吗？
> 想一醉方休，喝哪瓶酒重要吗？
> 就让这世界为你变成一场永远不醒的梦吧。
>
> ——阿尔弗雷德·德·缪塞

这种观点，对于我们自己和陪伴我们的人来说，可能有些冰冷或不那么讨人喜欢，但也同样给人希望，尤其能促使我们在感兴趣的领域中付诸行动。如果说投身于第一个与自己相符而非完全相符的生态系统是无意识的，却坚信自己所做出的选择是经过慎重考虑的，以至于我们会认为在决策前首先有必要考虑所有其他选择，这种坚信就是错误的。首先，因为生活常识已经足够多地向我们证明，未来比现在更不确定。

没完没了是优柔寡断者的专长。

——埃米尔·齐奥朗

其次，因为一个生态系统适合我们，任何一个别的生态系统也可以适合我们，我们都可以与之产生共鸣。生态系统只是生态系统，一个支撑而已：一个人可以在一个生态系统里成为杰出的建筑师，在另一个生态系统里也可以成为杰出的人类学家。因此，寻找有利于自己发展的生态系统是至关重要的，但不应永无止尽地去寻找。如果一直寻找，就会适得其反，陷入无法抉择、无法出色表现的境地。这也是为什么我认为当今法国教育的典型范式——给孩子们提供的课程涉及非常广泛的领域，会适得其反，尽管高中阶段会分专业方向。在我看来，假如将以追求卓越的理念去学习作为硬核的基础科目，除此之外还允许我们的孩子从很小的时候起就能有某项专业能力，那么他们在学习中会更好地自我绽放，且之后在工作中会更加出色。诚然，这需要耗费大量的资源，如通过精品小班的特殊教学来了解每位学生并为其制定个性化的培养方案。但我确信，这或许会输在起跑线上，然而之后在人文和经济层面会大有裨益。国民教育希望通过多样化的教学给学生提供所有可能性，在我看来，尽管值得称赞，但也只是教会了学生文化常识，却没有教给他们可以使自己发挥自身独特性，或可能会使很多人达到合格胜任状态，甚至是出色状态的知识。

本书中的出色表现者在很多时候都提到了激情。他们所有人都说，没有激情就不可能有出色表现。但我们不要弄错了：如果我们分析"激情"一词背后的东西，会发现那就是一个强大的发动机，一种抑制不住的生命冲动，推动出色表现者向目标前进。这里，我们说的完全不是对自己最喜欢的领域的那种激情。当然，人们对自己所从事的领域都非常感兴趣，但出色表现者的激情处于一个更高的层次，即做成一件大事的那种激情，而不是特别针对某个领域的激情。当出色表现者谈到激情的时候，他们指的更多的是一种要进行到底的执念，而不是对于某种活动或某个领域的那种浓厚的兴趣。我们不要忘了，"激情"一词也有"被动"之意，它是精神生活经受的一种状态，一种我们无法对抗的状态。激情和执念都具有"停不下来"的发动机的性质。出色表现者通过这种说法告诉我们，他们有一种与众不同的生命冲动和矢志不渝的精神。所以，既然领域只是一个载体，那出色表现者无论在哪一个领域中都会贯彻他们追求卓越的理念。发动机在，且会开足马力。

> 要成功，就要苦干，永不放弃，且尤其要将一份绝美的执念视为珍宝。
>
> ——华特·迪士尼

建议：找到适合自己的生态系统

要想有出色表现，需要找到自己的生态系统，即一个可能与自己相适应的生态系统。

对于成年人来说，一旦懂得相信自己的感觉，就很容易找到适合自己的领域。一个我们身处其中会觉得很自在的生态系统是这样的：

- 在这个领域里，无论我们所学的是不是令人愉快的，对自身而言都是有意义的；

● 遇见的大多数人看起来都赞同我们的想法（不一定是我们的观点）；

● 我们的人格特征不构成互动的障碍，大多数互动都是善意的；

● 我们所产出的、所表达的，都能引起反响。

对于儿童来说，大人要为了他们的成长，和他们一起找到能使他们尽可能顺畅地达到胜任状态和出色状态的学习环境和表达自我的环境，标准与成年人一样。

出色表现三部曲

在这个世界上，到处都有我们可以视为出色表现的人。无论年龄、性别、民族或社会阶层、人格和技能有多大的差异，他们都有一个共同的出色表现的运作机制。

如同任何一种状态，出色表现也是通过与系统发生一种相当强劲而错综复杂的相互作用而实现的。要是没有现实的刺激，没有"此时此地"来敲门，把我们全身心地动员起来，与现实面对面，我们就不可能抽出空来，不可能全神贯注、专心致志，不可能快乐幸福。任何一种状态的变化都是一个过程，而这个过程取决于系统的刺激作用。例如，水从固态变成液态，冰块在杯中变成水，这个过程叫作融化。反过来，要让水由液态变为固态，就要经历凝固的过程。对于从一种智态变为另一种智态，我们可以提议用"赋能"(puissantisation)或"去相合"(décoïncidence)这样的术语来表示。当我们的智慧升级时，能量得到了积蓄，这就是赋能过程；降级时，能量下降，节奏变缓，这就是去相合过程。

当然，我们感兴趣的是赋能过程，也就是可以让人进入出色状态的那个过程。要进入出色状态，需要一个与自身相适应的良好的生态系统，也就是众多生态系统中能有"适宜温度"或"适宜激励频率"的那个。但还需要一个人具备某一种内在素质，内在素质让他能够在这个生态系统中进入同频共振的状态，从而赋于自己更大的"能"。还需要一剂可以让能力展现出来的神秘配方，它就是在特殊能量、特殊情绪和特殊意识这三者的特殊状态相结合的情况下产生的。我们不可能在精力不够、情绪不好、没有意识的情况下表现得出色。必须具备"能量极度活跃+情绪自洽+全然觉知"，三者同频共振，才能有出色表现。

这样想，会很好（1）……

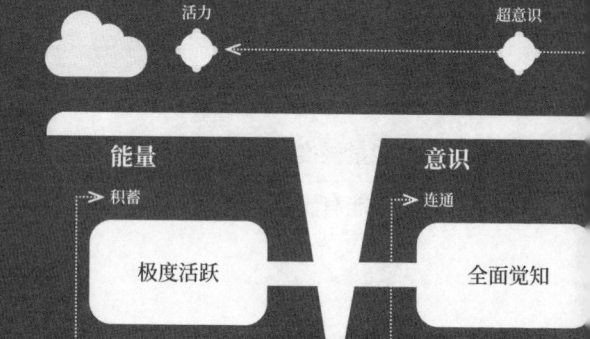

智慧

范妮·尼斯博姆

能量	意识
→ 积蓄	→ 连通
极度活跃	全面觉知
协调	选择觉知
泄漏	内在觉知
→ 衰减	→ 失联

活力　　超意识

出神　　　　　　　　　　　　　　天才

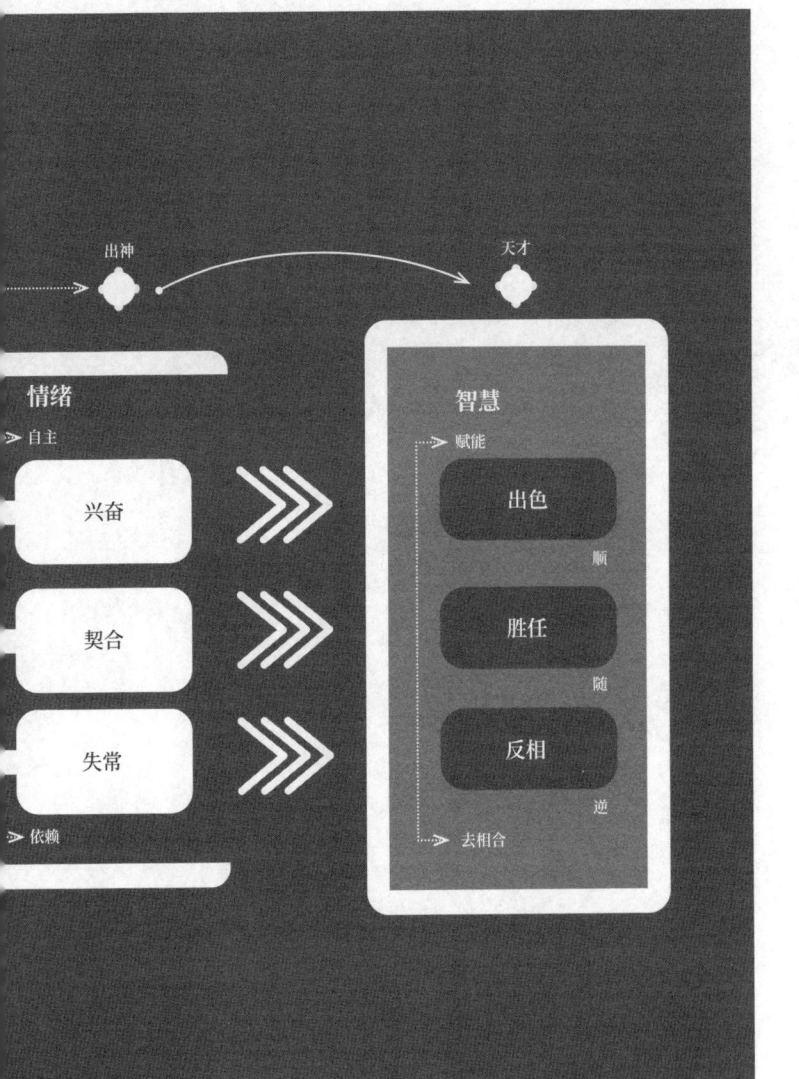

情绪
→ 自主

兴奋　　》》

契合　　》》

失常　　》》

→ 依赖

智慧
→ 赋能

出色

胜任　　顺

　　　　随

反相

　　　　逆

→ 去相合

第三章

出色表现者的能量：
敏捷的思维和极高的活跃性

要做成一件着实非同寻常之事，就先从梦想开始吧！
然后，冷静地醒来，一鼓作气完成梦想，永远都不要让自己泄气。

——华特·迪士尼

第一次目睹出色表现时，我就在想，没有足够的能量是不可能进入状态的。我们不可能顶着40℃的高烧超越自我，哪怕再有能力，在能量耗尽的状态下也无法做到。在疲惫时，谁也无法实现超越。一位高水平的运动员会告诉你：就算一宿没睡，到了出色表现的时刻，他便不再感到疲惫，也没有任何形式的能量分散。他感到一种非同寻常的活力，靠肾上腺素发力……然而，在取得胜利大概一分钟后他会完全崩溃。前一分钟，能量值还在顶峰；后一分钟，他连站都站不住了。出色表现必然伴随着一种能量、一种有规律的节奏、一种快速的非习惯性的思维和行动，这些都会推动事物向前不停地快速发展。这就是理性思考的极端反面，因为理性思考在时间上有差距，此乃题外话。出色表现需要加速，因此，也要懂得避免那些会导致降速、形成对抗和阻碍的因素。

加速

　　遇见一位出色表现者，我们一眼就能看出他的快节奏。真是冲劲十足！我们会觉得他的生活都是慢速摄影拍出来的快进效果。首先，因为他主要启用大脑中无意识的那一部分，也就是用速度最快的那一部分来处理日常琐事，让自己处于赋能的进程中。其次，因为他的能量极度活跃，可以同时做不同的事。最后，因为他在任何考验面前都是无意识的！

批判性思维并不出色

> 批判的错误在于寻找本质和否认存在。
>
> ——阿兰

让我们从一个善意的挑衅开始吧：出色表现者的一个重要特征就是不加思考。总之，不像我们其他人这样思考。无论他是不是思想家，是不是嗜思认知者，在出色表现的那一刻，他并不思考。一个出色表现者会一直抄近道，在出色表现的那一刻完全抛开线性思维和细致的思考，比如批判。他的目的通常不是证明自己有道理，也不是找到事情的缘由，而是走向胜利。他能清楚地感知到，这里要的并不是有道理的理性。他优先选择一种无名的思维，一种没有思考的思维，快速、无意识、凭直觉。而我们中的大多数人，却经常迷失在符合逻辑的论据和批判所带来的踌躇中，为的只是那种存在感……

有两种人：试着去赢的人和试着去赢一场争论的人。两者从来就不一样。

——纳西姆·尼古拉斯·塔勒布

这个世界很明显地看重批判性思维、有意识和有理性的思维，而不看重无意识和凭直觉的思维。批判性思维属于系统2，这是诺贝尔经济学奖获得者丹尼尔·卡内曼起的名字。卡内曼明智地将两种认知系统，也就是将人类的两种思维类型区别开来。第一种叫作系统1，是快速联想性思维的载体。我们在日常生活中做的大部分决定运用的都是这种思维。是去参加晚会还是在家待着，走左边这条路还是右边那条路，是回复还是忽略，穿这条蓝色的裤子还是穿那条红色的裤子，是喜欢还是讨厌，是看书还是泡澡，是奋斗还是躺平，是选择享乐还是选择工作，要苹果还是巧克力流心蛋糕……做这些决定都是相当快的，而且通常是无意识地从以往的经历中汲取而来的。因为我们的过往经历中有很大一部分留下了较深刻的印象，它们存储在大脑中，并按主题归类。虽然我们没有意识到这一点，但对于每个主题，大脑的确可以做到抓取某些反复出现的东西，找出捷径，达到自动化，使我们能够尽可能快地做出选择，为我们的生存提供保证。其实，所有成功保持自身物种生命延续的动物，并不一定是那些在生存环境中最善于思考的，而是那些能够快速抉择、采取行动的。

> 只是因为避开行动我们才去思考。思考，就是撤退。
> ——埃米尔·齐奥朗

所以，系统1代表的是基本无意识的自动化思维。这是一个真正的工具箱，里面有现成的"应用软件"，拿来就可以用，且大多数情况下都很有效。此外，我们需明确的更重要的一点是，大约90%的大脑活动都是由系统1来处理的，即用无意识、主题归类、类比的方式进行。

为了确保我们与环境达到最佳适应状态，系统1在暗处日夜工作。它建立起我们最好成绩的数据，以便将其细分类别，彼此相关联，得出最好做法的完美指南，同时提供捷径，也就是自动化行为，让我们在所有的情况下都能以最快的速度行事。尤其是我们的人格和技能，它们展现出来的其实就是一些捷径，即系统1的自动化行为。有了它，我们与世界的关系就会更加顺畅。当我们发展了一项技能，从今往后就可以自动运用了，偶尔再回过头去重温学习过程就很难了。例如，你如今可以想都不想就开口说话，是因为曾经一步一步地学过。但如果现在去思考说话的这个事实和语言组织的方式,那么你的语速就会大幅下降,甚至连找到词语都会很困难。

> 你不需要相信你知道的所有思想。那些只是思想。
> ——埃克哈特·托利

与我们大多数人想的相反,以无意识为主导的思维(即系统1)在逻辑上并不比有意识的思维(即系统2)差。但它的逻辑是不一样的:它具有高度的联想性,它会在记忆中寻找过往的类似经历,以便与当前的情况作对比,然后根据获得的结果指出一种尽可能好的做法。在这里,逻辑是环形的,速度很快、联想性强,使用排除法,凭直觉,且大多数情况下是无意识的。而系统2的逻辑是线性的、分析性的,使用假言—演绎法,与事实相关,尤其是有意识的。系统2让我们意识到事物存在于我们的周围,也存在于我们自身。它让我们能够把精力集中在所做的事情上,对最新的选举或刚刚看过的电影有自己的看法,其实正是因为有了它,我们才意识到自己正在观看电影且顺着电影里的故事看下去。也正是有了它的帮助,我们才知道明天会做什么,一个月之后或一年之后会做什么。它让我们在短时间内记住信息,以便计算或解决一个当下的问题。它赋予了我们建立理性、批判性思维的方法。这样一个与现实错开，以便从远处来观察现实的系统聚焦于过程，聚焦于行动机制。此系统也是"算法"系统，因为整个世界在这个系统里就好像变成了时空单向线上的一个方程式。这里，不可能有自动化思维，因为每一步都需要有意识、有选择性的专注。于是，系统2很像一个小小的意识王国，但最终还是相当原始且非常耗能。它是世界上一扇特别小的窗户，代表着人类大约10%的大脑活动。认知系统最终只给了它一个尽管重要但还是很小的角色：负责管理小窗这儿的进进出出，还负责预测，预料未来，就像《拉封丹寓言》里的蚂蚁。

世界就是思想，不是别的。那思想是什么？
思想就是世界，不是别的。

——杰克·凯鲁亚克

与系统2有意识的线性逻辑相比，系统1启发式、整体论的逻辑要细化得多、丰富得多。它将视角、声音、本体感受的元素、情绪、对面部表情的解读和激素信息联系起来，用权威的方式组织我们的行为。系统1就像是我们与世界关系的伟大组织者、伟大建筑师，但这并不妨碍系统2也拥有自己的地位，它是精确思维的金银匠或花边女工。但当我们来关注通向出色表现的那个过程时，发现无论所展现的是哪个领域——艺术、哲学、数学、体育或其他，这一赋能的过程主要都是建立在系统1负责的组织动员工作之上的。乍一看，系统1是最初级、最粗浅的，这里的思维最具自动化和模拟性。当然，两种思维各有优势。但显然，就像我们接下来要看到的那样，出色表现主要是系统1的产物。当然，这并不是说出色表现者没有批判性思维；相反，他们在通往出色表现的山坡上前行时，不会因为过于费时且代价过大的批判或评论而觉得深受拖累。

建议：收藏胜利

抓住变化的手，在它掐住你的喉咙之前。

——温斯顿·丘吉尔

有一个胜利的形成机制：最后的胜利、完全的胜利，总是通过一些小胜利一步一步达到的，尽管在此过程中也会出现几次失败。这些小胜利铭刻在出色表现的经历中，有多少小胜利就好像前进了多少步，每一次都能让我们找到一段通往最高峰的道路。积累这些小胜利，就像借助双腿的力量让秋千蓄能一样。这也是让系统1产生自动化行为模式的最好方式，有多少小胜利就产生了多少条捷径，这些捷径使最后的胜利变得轻而易举。最后，要扎进现实里，不允许自己做理性的后退，也不允许作批判性的怀疑。因此，要想有出色表现，拥有这个机制是非常重要的。为此，最容易的就是从获得小胜利开始，在日常生活中四处寻找小胜利。这些小胜利不一定要跟设为目标的出色表现有关系，但要让胜利的形成机制运转起来才行。小胜利到处都可以有，自己身上可以有，所处的环境中也可以有。我们不一定会意识到，但日常生活的确提供了一个充满挑战的宝库。重要的是，不仅要尽可能多地自愿接受挑战，还要给自己创造与我们在追求出色表现道路上可能遇到的挑战类似的新挑战，。

我越锻炼自己，就越有运气。

——安诺·庞玛

接受挑战时，不可以过于挑剔：接受任何一种挑战都是有好处的，什么都可以成为挑战。当然，鉴于我们现在是在训练，所以在任何情况下都不会选择可能对我们的身体、精神或社交方面构成危险的挑战。如果我们懂得观察的话，会发现这个世界其实到处有关键时刻，它们可以让不愉快的瞬间忽而转向愉快，让一种挫败感转而变成强大感。在这些时刻上下功夫，会产生三重效果：首先，产生一种积极的情绪，使我们熟悉出色表现时该有的情绪；其次，(重新)肯定自己的价值，这也是迈向自信的第一步；最后，熟悉寻找和创造时机的做法。要想储备这些小胜利，重要的是对自己的思维进行(重新)设置以便教会它如何解决问题：

- 拆卸/重装一个装置，解开绳上的结；
- 玩伤脑筋的益智玩具；
- 将一篇文章熟记于心；
- 在日常生活中的小事上与时间赛跑(当然，目标也要符合实际！)；
- 漫步在街头时，雄赳赳气昂昂，坚定地往前迈步，目光笔直朝向前方，让别人"自然而然"地为你让道(这里要注意避开老人、儿童等弱势群体)；
- 跟别人打赌，但应是不用承担任何后果的打赌；
- 与魅力四射的人搭讪，成功地让其回应一个微笑，或留下联系方式；
- 与亲人或邻近的人(一位邻居或一位在街角开店的老板)商议一些小问题……

这种独特的小想法无穷无尽，可以作为我们每日的健脑操的一部分。在出色表现过程中不用做，不是因为没有必要，而是因为作出出色表现时思想是完全集中在目标上的。

>相信你的梦想，梦想或许会实现。
>相信你自己，梦想一定会实现。
>
>——马丁·路德·金

出色表现如火箭

>我不能原地不动。
>我需要探索和试验。
>我对自己的作品从来都不满意。
>我不接受自己的想象力有边界。
>
>——华特·迪士尼

出色表现，如同共振，是一种大量地积蓄起来的能量。我们感觉自己被一个有上千马力的强大引擎拽着跑，这样一种能量继而输送到行动中，输送到与现实、环境、宇宙面对面的互动中。行动从来就不是单独的，总是多个并行：我们听讲座的时候，可以一边发信息一边来点儿零食，还可以跟旁边的人聊两句。有人会跟你说这不可能，大脑没法同时处理这么多行动。但这并不完全准确。注意力，也就是选择性觉知，位于系统2的核心，它的确不能同时处理这么多行动。系统2是个手艺人，它干不了这个活儿。我们不能将目标设定为打造金银饰品，同时又想着别的事儿。诚然，当认知系统同时处理所有行动时，有意识的注意力是不断切换的，它不会同时出现在所有的行动中。确定目标并行动，会耗费许多能量。但还存在着一种泛泛的意识，它可以同时对所有没被注意力选定的行动保持一种悬浮状态的关注。这正是系统1在监控。当然，这种悬浮式的关注在同时处理多个行动时是合适的。我们关心的不是准确性，而是效率和全面性。能量同时分配给所有的行动，在整个赋能过程中不断积蓄，直至取得胜利的时刻。

在出色状态中，我们忘记了行动或思想的运作机制。我们忽略细节，因为它会成为一种束缚、一种狭隘、一种俗套。虽然在生活中不那么非同寻常的时刻，人们所看重的是细节，但只有最终呈现于世的作品才是最重要的。出色表现讨厌"是的，但是……"这种说法，讨厌其他行动上的阻挠。它只献身于整体，而非部分。它做事干净利落，不断开辟道路，不迷失在主观的臆测中。

> 我看不见我前面的车；
> 我只看见尽头的胜利。
>
> ——刘易斯·汉密尔顿

出色表现者在作出出色表现时，速度很快。这一点不一定看得出来。我们不一定会看到他有许多大动作，尤其是在以最佳成效为目标的行动中。出色表现始终都是向着前方迈进的。思维是快速的、自动的；是发散性的、蔓延性的，从一个想法到另一个想法，从一个图像到另一个图像，从一种感受到另一种感受，如同一只小猴子，从树枝荡到藤蔓，又从藤蔓荡到树枝；没有哪一刻我们会被从所处的生态系统中抽离出来，去后退、分析、批判。思维一直前行，在能找到的每个方向上前进，同时分成上千个联想叉。只要还没成功，出色表现者的思维磨坊就永不停歇，不会止于一种想法。接下来，就是与时间的关系了。出色表现者是没有耐心的，想要缩短实现欲望、得到满足所需的时间，是一种与时间赛跑的状态。受到任何刺激，都不会等待，几乎是立刻作出反应。在出色表现者的眼中，等待其实是一种折磨。在前进途中，以任何形式出现的与朝着目标前行的意志相抵触的事物，都被视为需要消灭的对手，不会让它延缓胜利的到来。还有，要往前走，就要与过去决裂，要忘却过去。这种与时间交手的铁腕做法，需要我们懂得把苹果里的虫子放在一边，把过去的事放在一边，因为它们通常会束缚我们，让情况变得糟糕，成为思想负担，让我们反复思考、害怕，或者是产生怨恨。系统2的这些合理化的东西并不会服务于我们的进步。

对于害怕的人来说，一切都是传闻。

——索福克勒斯

如果我们近距离审视系统1，这种思维的迅速、多处行动的迅速，这种充沛的能量和绝不接受束缚的原则，相当清楚地表明了极度活跃行为的含义。极度活跃（hyperactif）这个形容词有时也会被分开来写，中间加上连字符（hyper-actif），为的是与通常伴有多动表现的注意力缺陷综合征相区别（注意力缺陷综合征有时伴有多动的表现，有时没有）。在非病征的极度活跃行为中，人只有动的需求而已。它可以通过一种运动的不稳定性体现出来，尤其是自我刺激行为，英文叫stimming（self-stimulatory behavior）。自我刺激行为是一种重复性的刻板行为。它可以是一种强迫行为，比如坐着的时候抖动一条腿、摆动身体、轻咬钢笔、咬指甲（咬甲癖）、手指轻敲桌面、收集废旧物品然后扔掉（喜欢在丢弃之前把塑料瓶压扁）、拨弄头发或摸胡子……极度活跃的人需要持久的自我刺激。

有时，出色表现者表面上看很稳重，甚至很爱睡觉。然而，他无法控制自己，总是同时做好几件事，或在脑子里同时有好几条思路。他会产生许多联想，这些联想总是带着他远离原点。外部世界一向他发出那种紧迫却合他胃口的召唤，他那厉害的生命能量就下令让他出来。这种生命能量为思维联想助力，思维联想又支撑着他向前奔。

说能量极度活跃者行动迅速，那只是轻描淡写：他们甚至走到了行动的前面。我们跟他们讨论的时候，有时会觉得不舒服，感觉他们好像很着急地把话说完，而我们不想让他们跳着说，或者想替他们把话补充完整。他们没有耐心，这是能量极度活跃所产生的结果。所有可能的策略通常都在无意识中用上了，以便缩短通往最后结果的时间。有规律的节奏一直都很快，直至最后时刻。

能量极度活跃者的反应通常很冲动。当听别人说到"冲动性格"的时候，我们似乎总会想到非功能性的行为。我们想象一个易怒的人，他不会控制自己的情绪，不思考自身行为会产生的后果，只听从自己内心那一刻的冲动。但非病征冲动性格（所以不是伴有或不伴有多动表现的注意力缺陷综合征)的表现不是这样。或者说,无论如何远不是每次都这样。相反,这种性格的人对刺激的回应比我们大多数人要快很多,可以很快地做出决定,且更多地是凭着系统1的感觉,而不是系统2的理性。但这样的决定并不缺乏逻辑性,它的逻辑是启发式的,不是算法式的。总之,一个能量极度活跃的人,尽管有时可能看起来非常安静,非常有耐心,但常常无法容忍失败。他具有首创精神的力量,能快速做出选择。所以,出色状态在极度活跃的运作机制下相当自然地做出了反应:能量得到了积蓄;思维行动节奏快;批判性思维(系统2)的活跃度降低。

我们至少可以说,是出色表现者与现实如此直接的关系和他冲动的性格在推着他去暴露自己。不可否认,出色表现者出类拔萃。对于他们来说,行动是首要的,甚至比考虑一个对自己构成威胁的事物更加重要,这有时可能会导致某些社交事故……但从另一个角度来说,出色表现者冲动性格的一个好处就是不会让自己陷入恐惧。恐惧是理性的朋友。一个出色表现者,哪怕再保守,也不会让步于羞耻和不安:他将自己置于世人的目光下。

我害怕恐惧。

——米歇尔·德·蒙田

建议：让大家看到你吧！

> 每次我们达到一个好的效果时，都给自己树了敌。
> 要得人心，就要保持平庸。
>
> ——奥斯卡·王尔德

出色表现和获得胜利是社会认可的一部分。有出色表现，正是因为有人在观察，他们一致认为这次胜利比另一次更有价值。这次行动在这种情况下非同寻常，而在另一种情况下可能就很一般了。所以说，出色表现会产生一个类似骑士参与授勋仪式的效果，而颁发勋章的是出色表现者所处的生态系统。然而，并非人人都能够有资格接受且受得了某种标准的"鉴定"。因为，给出与众不同的提议，将自己暴露于世人目光之下，需要能够接受他人的评价但又不会太过在意，以避免自身行动自由受限。因此，出色表现需要一种勇气，去想办法让大家都同意一个正常标准范围之外的计划。为了能在这一方面得到锻炼，我们首先要强行让自己不要将想法或行动只留给自己，要强迫一下自己把它们提交给自己所属的群体……总之，要敢于暴露自己，将自己置于聚光灯下；要加入那些行动派，而不是评论派；要接受一个观点——他人可以批判我；要尽可能多地站在台前,要从暗处走出来公开地做一些提议。

如果你不能打败恐惧,那就带着它去做事吧。

——威尔·史密斯

社交网络在这方面显得特别有意思。我们可以发现有两种区别相当明显的自我定位:一种是一般都会转发别人发布的东西,只是简单地加一个赞同或不赞同的表情;另一种是发布自己原创的帖子,更多地将自己暴露在网络上,由众人评说。而出色表现不能免除大强度的自我暴露,从而也就不能免除可能会引来的一种很强烈的批判。因此,多露面,敢于自我展现、自我暴露,可以帮助我们激活出色表现的程序。

出色表现者的无意识

恐惧让人有意识。

——埃米尔·齐奥朗

所有出色表现者都会告诉你:在行动的顶峰,节奏越来越快,就像被巨浪卷着一样。思维非常快,快到向自己提出问题的时候不知道自己在想什么,让思维停在头脑中的一个画面上是不可能的。极度活跃的思维变得只有联想,不再受到最初线性逻辑的束缚。没有"第一小点,接着第二小点,然后第三小点"的理性思维,而是处于同步思维的世界——系统1的核心。在这个阶段,完全不需要再分析某个事物的运转机制,不需要再去权衡利弊,思考某个事物的来龙去脉。在这里,思维节奏最重要。处于出色状态时,只剩放手一搏和超前行动了。无意识的状态占领了高地,甚至可以说:无意识占领了高地。出色表现者时常给人这种无意识的印象。有时,他们冒着风险却没有意识到可能出现的后果,原因很简单,就是因为他们将思考和行动分开了。在准备阶段或思考阶段,他们当然都想过利与弊,让时间慢下来,从各个维度去分析脑子中的某个问题,细细琢磨想要达成目标必须具备哪些条件。因为,没有准备的基石,就没有出色表现。出色表现是整个过程走到最后才出现的,是在扎实的训练之后才会出现的。出色表现是我们在达到胜任状态之后纵身跳进高空的那一刻,那时有思维相伴。

世界因为不轻率而沉睡。

——雅克·布莱尔

在胜任阶段，我们处于适应且自在的状态，以确保自身活动的基础，并用恰当的方式满足所处环境的期待。可是，一有任务需要我们走出自己原本踏出的路，哪怕只是那么一点点，或要把自己早已习惯的专业领域的界限往远处再推一推，我们的大脑就又把注意力重新集中到比整体更优先考虑的部分，集中到细节、安全性上，甚至有时会集中精力去想自己为什么会害怕做开路先锋。时间又慢了下来，像以前我们学习时感觉很费力那样。于是，我们决定延时思考一下。出于这个原因，胜任状态通常会经历一种在有意识和无意识之间摇摆的混合状态。一会儿两脚着地，一会儿自动飞行。在与之相反的出色表现阶段，自动飞行模式处于持续激活的状态。大脑十分流畅，不断地用上它所有的本领，只为行动起来；向唯一的目标前行，那个目标就是胜利。所有的想法都是自动的。出色表现走了理性思维的道路，也走了很多捷径。这就是为什么从外表上看，出色表现给人一种无意识的感觉。

> 我们总是站在自己无知或所知的最高点。我们恰恰就应该站在那里，为了有话可说。如果我要等自己知道自己在说什么，我总能等，而在这种情况下我之后说的话就完全不重要了。如果我不冒险走到所知与

无知的边界，那我就无话可说了。

——吉尔·德勒兹

当我们在通往出色状态的道路上前行（即处于赋能阶段）时，思维只通过模拟的方式进行，且主要是无意识的，甚至是来自前意识的。平时说的"那个词里就在嘴边"，还有那种有些事情发生了但我们全然不知，合理地解释了前意识。意识的前奏，不再是无意识或还没有完全变成有意识的思维。系统1与身边环境联通，于是便在暗处准备它的概率和其他数据。出色表现者只需等待定论，找到自己的位置，用他认知系统的无意识推荐的合适的方式进行回应。

系统1的思维是那么有效，比系统2的思维快如此之多且更加流畅。但当我们将出色表现定为目标时，若不跟随系统2的思维，就会显得愚蠢。更何况，比起系统2，系统1建立在一种更加古老的神经元基质上，它在人类进化过程中经历了诸多考验，已经具有了适应性。系统1的工作占整个大脑工作的90%，而系统2只有10%。系统1的运转机制，就如同重型火炮或最厉害的火炮。相比之下，系统2总的来说就像是一个刚刚组建的系统，不那么稳定，也不那么强大，甚至说比较脆弱，还不能接受新的东西，受不了风险和混乱，受不了模棱两可、转瞬即逝、不大可能的东西，也受不了未知、折磨和差异。系统1则是抗脆弱艺术的主人，它是脆弱的反面，具有吸收力，能吸收全新的、转瞬即逝的、模棱两可的东西，也能内化风险、意外、事故、冲突、变化、混乱和未知，且绝不会受到损害和干扰。它会用它们来完成进化，实现进步，日臻完善。它比系统2灵活得多，好的、不好的经验它都能吸收，并通过重组化为自己的一部分。

> 我会学习宇宙的规则，然后不断地绕过它们。
> 我会显示出最可怕的力量与宇宙抗争。
> 我会逼迫它让步。逼迫它创造出新的星星。
>
> ——费利克斯·拉杜

系统1是系统2的主人，是有意识的思维、理解力、拥有发问能力的主人。我们只能仰慕知识分子和思想者，因为培养优质的系统2思维的练习难度太大，而且最终不是每个人都能练成的。这种情况在今天依然如此，尽管这么说会让那些不懂还爱评论的人不乐意。嗜思认知者并不罕见，但他们也不是我们在每个街角都能遇见的。相反，系统1的思维，这一人类进化的奇迹，是我们都可以拥有的一种运作机制。它是一系列的全套设备！如果我们想辩论、分析、思考，那就要在学术或技巧上进行学习，这一步主要靠系统2来支持。如果我们想有出色表现，那么相反，我们就应该优先选择系统1快速、有节奏、完全无意识的思维。

建议：快速与急促

> 生活就像一辆自行车。
> 要前行才能不失去平衡。
>
> ——阿尔伯特·爱因斯坦

出色表现者有时会让人想到一个任性的孩子，但我们能看到、能感觉到他在内心深处毫不费力地做一些更有深度的东西，类似一种与时间赛跑的铁腕行动，也就是在与死亡相抗衡。快速与急促是最好的盟友，它们一同为出色表现者的生命冲动带来荣誉。出色表现者的身体和头脑都需要快速前进，还需要有一种发散的思维。这是一种生命载体的形象，我们用这种形象来形容出色表现者。寿命最长的人走起路来比同龄人的平均速度要快，这就是一个鲜活的例子。

生命延续的过程，也是失去优势的过程。

——埃米尔·齐奥朗

再来说说急促。出色表现者的行为方式是反应能力超强，他急不可耐，催促并促使一切赶快结束。他快速开始行动，给人留下无意识的印象，甚至是轻率的印象。有人说，不能将快速和急促混为一谈，急促是做事时无法集中注意力的一种表现，它导致的结果就是不假思索便将事情仓促完成。可出色表现者在出色表现时，没有观察到这种注意力缺陷的问题。在行动之前，注意力就已经集中在重要细节上了，行动的时候它还集中在总目标上。所以，让我们明确一下，出色表现者倾注的注意力有时非常多，将所有的注意力都集中在一个很短的时间内，这需要很大的能量。所以，在这里，急促并不是"草草了事"，而是一种迅猛向前的运动，一种朝向既定目标的快速推进。

因此，在这种前提下，快速和急促犹如手中的两大法宝，要学会好好运用。这样才能加快日常生活中大大小小所有行动的节奏，才能通过停止有意识的思维运转、更本能地处理信息并向前推进，以达到加快完工的目的。我们可以这样进行自我训练：

- 学习快速阅读以加快思维，尤其要避免采用来回反复看的传统阅读方式。

- 培养自己快速记忆的能力，这能使我们掌握自发思维的技巧。
- 打网络游戏，比如，3分钟一局的国际象棋那种。
- 加快平时步行的速度。
- 看视频或听播客时使用快进键，至少1.5倍，甚至2倍。你会发现，一旦习惯了这种速度，正常语速你都会嫌慢！
- 让自己一定不要拒绝行动。只要有可能就不要拒绝，无论该行动重要与否，跟着自己的第一意念走。
- 快速做决定，但永远不要在下午5点以后！认知疲劳会导致判断出错，无论决定是出自系统1还是系统2。
- 玩一些锻炼反应能力的游戏：接球游戏，不知道球会落到哪里的那种；玩一局西蒙游戏，就是一种电子游戏……
- 有人找你就立即回应，尽可能地逼自己给出尽可能简短的解释。换句话说，就是快速说"行"或"不行"，不要有意识地经过"思考"的框框。你的系统1会给到你最佳的解决方案。

我有时会允许自己在两餐之间思考一下，这就让我失去了超多的时间。

——查尔斯·贝矶

避免减速

要想加速,就要避免减速。这是个大实话。但有时,很难知道是什么让速度降了下来,原因往往隐藏得太深,让人看不出来。若要训练自己不让思维和行动陷入泥沼的能力:首先,要学会家具一拼装好就把说明书扔掉,也就是说,掌握了一项能力就要忘掉方法;其次,要能掌控自己的思维,不再给讽刺和怀疑留位子;最后,要学会培养优雅感。

忘掉标准模式,忘掉方法

黄金法则,就是没有黄金法则。

——萧伯纳

在我们通往出色状态的过程(即赋能过程)中,思维会快速地进行自我反射。它通过联想变得灵活敏捷且能接受新事物,并将这一过程视为一种挑战。它固然缺乏准确性,甚至相当粗劣，但与事实相吻合，因为它直奔要点。永不停歇的认知通常不受细节的阻碍。思维越是灵活快速、可适应性越强，越是能与普遍的现实相符合。或者换句话说，思维越是灵活快速、可适应性越强，就越不能与特殊情况相复合。出色表现不属于"艺术规则手册"里的内容，而是属于效率手册里的内容：充分利用所处环境，在环境中充分发挥自身优势，向着目标前进。如此这般，我们就能理解，拉菲尔·纳达尔的正手抽球远非网球巡回赛中最有美感或最具学院派的抽球，但它非常厉害，非常有效，令人望而生畏，且助其成为网球运动史上获得胜利最多的球手之一。当然，正手抽球本身并不能保证纳达尔一定能获胜。是他的心态让他不受动作的正确做法的影响，让他不专注于过程。作为一个合格的职业网球手，纳达尔努力学会了网球运动中要想动作正确必须具备的基础，但他也懂得不让细节过多地侵占大脑，他让自己的正手抽球自然地演变，坚信追求效率的目标比动作的细节更重要。而出色表现这种对效率的关注主要是在忘掉标准模式的基础上实现的，如果半路停下来重新回头研究方法，就无法向一个有说服力的结果迈进。方法、程序都是脚手架，是保护苗木的固定支柱。我们要想有出色表现，就一定要摆脱对于方法的记忆，要去掉脚手架或固定支柱，让建筑物或植物自己立起来，在所处环境中用自己的方式展示自己。

甚至在棺材里，我也不想再一直躺着了！

——弗里达·卡罗

注意，这并不是说不要方法，恰恰相反，要想走向简单，得先从复杂开始。简单，是点到为止的艺术，是优雅的艺术。毕加索用画笔三两下就能把世界呈现出来，那是因为他从年幼时起花过成千上万个小时去学习学院派的画法，后来才能忘掉方法，获得解放。

我花了整整一生的时间才懂得如何像孩子那样去画画。

——巴勃罗·毕加索

这条道反过来走，就不会有出色表现，而且会显得平庸。对于一个非专业观察者来说，这两种行为和思路是相似的。一位刚开始学画的新手可以三两下就呈现出一幅风景画，但它永远不会成为类似于毕加索的艺术作品。出色表现者知道如何越过自己专业领域的规则，即用忘掉它们的方式去实现超越。但是，任凭自己的无意识认知去指导行动,并不意味着自己是一个无意识的人。出色表现的技巧,就在于忘掉原有规则并创造或接受新规则。出色表现的基石——胜任的能力,仅仅是通往更高层级的一个台阶罢了。有了这一基石,出色表现者就会本能地一脚踢开之前的那个台阶,展翅高飞。

> 像专业人士那样学习所有规则,为的是能够像艺术家那样打破它们。
>
> ——巴勃罗·毕加索

忘却和全身心投入,就是出色表现者的本领。他们有着为此而生的经得住各种考验的心理灵活性:他们的思维可以自由顺畅地从一个任务转向另一个任务,甚至可以寻找其他可能、更有效的路径,以便成功地实现目标。

建议:培养自动化思维

- 定期练习绕口令并时常换新。我们知道那个大家耳熟能详的:"Les chaussettes de l'archiduchesse⋯"我最喜欢的是:"Je veux et j'exige d'exquises excuses."目的就是强迫大脑越过语言障碍启动系统1。

- 将诗篇或其他类型的文章熟记于心,在不同的场合朗诵出来，尤其要在听众面前尝试，因为在这种情况下情绪会被极大地调动起来，一切都会回归到无意识的习惯状态，而这正是我们怯场心理的藏身之处。

◉ 思考或说话时避免使用否定句，因为否定句总是会把人带回到规则和意识的世界。而在认知上属于无意识的系统1，它可听不懂否定句。如果有人对你说"不要想着一只青蛙在美丽的睡莲上"，你的大脑不可能不去直观地想象这只睡莲上的青蛙。要想与大脑及具有高度联想力的树状系统1的运作机制和谐一致，你就要说它们的语言，还要尽可能地（当然，不要让人觉得荒谬可笑或过分复杂）使用不带否定的句式。

怀疑和讽刺：出色表现的死对头

> 畏惧讽刺，就是害怕理性。
>
> ——萨卡·圭特瑞

有一点是肯定的，那就是我们需要害怕理性。因为要进入出色状态，需要某种形式的睿智，就是愿意脱去理性思考的各种形式的华丽外衣，尤其是怀疑和讽刺。我们之前讲过，理性是与现实拉开距离，而出色表现则是一下跳进现实里：想和做，我们不能同时进行；我们也不能一边想，一边发出声音。这两种现象是无法兼容的，因为出色表现要求激活自动化思维，就是那个综合过往经历和思考过程并已将其消化、同化，以便跳至决策和行动阶段的自动化思维。

因此，出色表现者最大的秘密就是他能够忘记学过的东西，能够在消化吸收之后抛开已经学会的方法，从而更好地超越它。一有理性，我们就回到方法上，回到那个把我们拽出现实、让我们退后的线性思维，而极度活跃的出色表现需要的是毫无束缚且大踏步地朝前跨跃。有理性思考，就会有怀疑，对于渴望出色表现的人来说，这是一种危险的心理状态。因为，面对现实，怀疑体现出的是一种信心的缺乏。这种怀疑态度被美化了，因为它会让人觉得有怀疑态度的人能读懂现实背后的东西，能看到别人看不到的东西。有了怀疑的态度，我们就可以挺起胸膛骄傲地对自己说，也对别人说，"我可不会轻易上别人的当"。但这种以自我为中心的奉承会让人失去与现实的联系，虽然以为自己在向现实靠近。当然，在我们有问题要解决的时候，后撤一步跳出现实往往很重要。出色表现者尽管在辉煌时刻是那样冲劲十足，但他们也知道往后退一退，拉开一定距离去审视问题。然而，他们的拿手绝活却是不停留在分析阶段，即从不满足于仅仅明白之前的陷阱，有时甚至跳过理解这一步。

一个出色表现者在与现实拉开距离以对其进行分析这一步上，所耗费的时间不会多于其所需的必要时间。他从不热衷于这种后退一步的做法，因为他预感到有一种东西比对现实进行分析更加危险，那就是有意识地去弄懂一个问题所带来的那种令人愉悦的停滞不前的感觉。让我们再说一次：理性是出色表现最大的敌人。理性打破了出色表现的节奏，并强行让它停下来。说说名人逸事吧！我遇见的许多出色表现者都提到过 Excel 表格，他们拿它来象征那些迷失在理性思考中忘记行动的人。把一个工具只当作工具来用是一回事，然而把这个工具上升为一种生活方式就是另外一回事了。

为了进入和谐共振的状态，与这个世界给我们提供的环境同向同频其实是很有必要的。病人说的是不是实话，治疗师通常是不会在乎的。为了陪护病人，治疗师需要跳进病人的生活、病人的规则、病人的价值观，还要说病人的语言。他知道，冷静地分析一种外在的境况，对于引发他人做出改变来说，从来就经不住考验。最好悄悄地融入他人的世界，放弃强行进入无情的理性思维，因为这样做通常只是恭维了自己（我们比别人有道理），而他人心里会产生极大的抵触情绪。

怀疑是理性的一位盟友，它展现出来的，如同是对系统规则发动的一次进攻。然而，生命系统的特性，正是在面对外来进攻时，整个系统会共同应对，顽强抵抗，且形式多种多样：可以是集结抗体部队或坚强的战士，也可以是用言语攻击作为回应；可以是一种身心反应，也可以是一种不成功的行动或是生命体自有的第一千零一种神秘方式。与之相反的是，冲在环境中所有元素的浪尖上，把共振中积蓄的能量给到自己，不与和谐共处的环境产生对抗，这就是出色表现者那股抵抗脆弱的力量。协商的基本技巧就是镜像处理，也就是模仿他人的举动或话语，以便促使一种对我们有利的行为上的改变：我们与他人同步，走进他们的世界，为的是最终的结果能给我们带来好处。

这就是为什么怀疑是一种危险的、会导致机能障碍、不利于出色表现的因素：它意味着对世界的不信任，也意味着对自我的不信任。作为一种基于"为思考而思考"的存在方式，它假定存在着一种与自我的差距，也存在着一种永不停歇专攻质疑的学科。这本身远不是一种痛苦。理性思考时，感觉一切尽在掌控中，是有快乐可言的，也是真有好处的；不过，若这样一种练习上升为一生的科目，会以一种牺牲为代价：我们不再与自我同向，也不再与环境同向。在校准阶段，十分必要的东西到了出色表现阶段会变成危险因素。

怀疑，这颗智慧的龋齿。

——维克多·雨果

因此，出色表现者的特性，就是能忘掉工具，忘掉Excel表格，忘掉思考，就是信心十足地闭上眼睛，感觉到（而不是因为他认为）大脑已经将最重要的数据记了下来，到了适宜的时刻可以重现记忆。在某种环境中表现得厚颜无耻、缺乏信心或不寄希望，会阻碍出色表现，因为在这一智慧级别上，我们必须简单思考，直奔重点，保持与环境中的各元素相联通。出色表现就像一种摆脱思考和人设的操作，这是一条真实可靠的路。

为自己减负，
脱去厚重的外衣，
将行李减到最少……

——米歇尔·雷里斯

对于一个出色表现者而言，思考就如同一种噪声，它让我们听不清楚，也无法与系统实现同步。要摆脱思考，就不能向思考的仆人让步，即不能将怀疑或讽刺作为一种合理的存在方式。出色表现者不属于乐于怀疑、讽刺的那一类，除非他们以搞笑为职业。讽刺和怀疑一样，也因其带来的掌控感而让人快乐，但其实会阻碍我们进入共振状态，因为它会引发一场意外事故，这场事故会成为我们与他人同步的羁绊。要想与他人同频共振，其实需要将自己与他人的节奏调成一致，方可进入和谐状态。而这需要一种最基本的亲和力，或者至少是一种情感上的中立。然而，讽刺、挖苦或任何一种类型的嘲笑，则必然蕴含着一种不和，一种与他人观点上的差距，还蕴含着一种其本身具有的批判所带来的挑衅。即使在其中加入幽默的成分，也不能改变什么，因为我们是跟另一个人互动的，而他不可能不回应，不可能看到自己面前摆了一个炸弹而不自卫，无论这枚炸弹看起来多么轻，带来的伤害多么小。于是，讽刺或挖苦，和任何形式的批判或指责一样，它们就如同出色表现苹果中的虫子，阻碍着我们和他人之间的同步，而这个人很可能就是一个友好的人。评论，是嘲笑中固有的，它也标志着回归分析、规则和推理。它会阻碍我们达到那种出色状态所特有的心流时刻，那种与他人、与世界的优雅共舞。

> 怎么回应批判呢?用批判的方式。
> 我用批判的方式去听所有的批判。

——保罗·托马斯·安德森

建议:直奔要点

● 使用最精练的交流方式。信息是最重要的,一次只要发一条信息。在信息中只说自己真正想说的,不要含糊不清,也不要兜圈子;使用词语的本义;用简洁的语言,最接近我们想法的语言。所有人都使用日常用语,我们就认为日常用语简单,其实它并不简单。要想语言能正确地承载信息,需要练习尽可能把话语说得简练。而这是一件难事,并不像我们想的那么容易。尤其当我们的无意识认知把我们弄得晕头转向(口误、笔误……)时,当它把我们变得咄咄逼人或是心理脆弱但与我们的本意相违时,要想在言语交流上摆脱任何一种言下之意,尤其是讽刺、挖苦,就更加难上加难了。尽可能多地使用智者托尔特克的第一个约定,"确保自己说的话无可指责",这并不意味着说话时不要带自己的情绪,也不是说不要幽默。这样做其实是为了实现与对方更好地联通,而不是为了远离对方。

- 把批判性思维——如果有，留给(以出色表现为目标的)准备阶段，或留给日常生活(除出色表现以外的时段)，但永远不要让自己陷入怀疑，即永远不要选择刚开始就质疑，或在还没有掌握一个主题所需的所有必要信息时就开始怀疑(这样永远都无法精通)。

- "Find yourself a faith"("给自己找一个信念")是鲁保罗说过的一句话。他有着极为敏锐的洞察力，且能和周围环境产生共鸣，但那些忧郁的人或某些知识分子并不能总是在他身上看到智慧。"给自己找一个信念"指的是要学着朴素、天真地带着希望去相信，拒绝那份顾名思义不承认任何信条的怀疑主义，拒绝迟疑。学着一开始就能够给予信任，而不是评判或自我审视。出色表现需要的是自发性和对环境的绝对信任，而对于实际思考行为方式的处理，就交由我们的无意识认知在后台完成吧。

奇迹，是创造信仰的事件。

——萧伯纳

培养优雅感

过度借助系统2的算法思维，也是一种回归自我：

我们牺牲了他人，保全了自己想要的那种自我形象，或以原则、理想的名义，保全了我们喜欢优先展示的那个形象，以显示自己有道理，就像以前的人展示自己有肌肉一样。可这种牺牲的代价其实特别大：与他人的关系几乎瞬间恶化（哪怕并非立即可见），心流丧失，无优雅可言。

优雅，是耗费最少的能量去获取最大的成效和持久度。它应用于设计和时装界，以永不过时的海蓝色布雷泽为典型，但也能应用于让我们活跃起来的思想和我们所做的行动。它不会出任何事故、任何意外，不会受到任何干扰，不受来回反复或有"是，但是……"的困扰。这是一种向前进的轻盈的步伐，简单、流畅、精练。在这种意义上，它可以被视为出色表现的一个重要特征。

一架漂亮的飞机是一架飞得好的飞机。

——马塞尔·达索

来观察一下行动中的出色表现者吧。他在日常生活中可以是个讽刺大王，但当他进入出色状态时，当他从起跑器上飞奔出去时，他可不是为了在比赛途中停下来，嘲笑对手的运动衫或评论一下赛道的质量。在这一刻，他与赛道、对手（包括对手的运动衫）、远处飞翔的鸟儿、太阳、旁边的小草、观众的叫喊声统统融为一体；他在这个生态系统中和谐地飘了起来，被生态系统托着，也被环境带走。在这个最佳共振中，出色表现者如同秋千上的孩子，每跑一步都吸收了来自整个系统的能量，能量积蓄到了一定程度就可以升华。他完全可以表现得以自我为中心或做一个夸大狂，但事实上，他是一个从属于某个群体的专家。他有着一种大局意识，懂得忘我，以其所处生态系统的利益为重。无论他是想要统治世界还是挑战自我、弥补缺陷，事实就在那儿：他"转起来了"，顺着这个世界并与其相随。这或许是为了他自己的利益，可谁不为自己的利益着想呢？但这同时也是一种对生态系统所做出的无与伦比的贡献，可谓最优雅的贡献。

这里，我们又回到了"顺""逆""随"的立场。在交流中，单单一个出色表现就强于一千零一次游行、一千零一场演说。詹妮弗·洛佩兹爱炫富的一面或她的演技可能会招致指责，她那不符合时代审美的丰臀也会招致指责。可她为反对以瘦为美的强制性标准所做出的贡献，却多于任何一种以理性论据为支撑、合乎法律程序的请愿。她没有游行，没有批判行业体系，没有把自己变成起义大军的旗手，她就保持自己丰满的体形并悦纳自己。不说一句话，也没有对行业的一丝挑衅，她进入了与环境共振的状态，放手让生态系统中的那股心流把自己托起来，直至顶峰。她改变了环境的一条规则，却没有流一滴血。因为，只要是"逆"的行动，就会引发一种反应，有时是一种爱的反应，有时是一种否决的反应。我们的大脑在遇到很大的内心冲突时，会把"逆"的信息当作一种不正常的问题屏蔽掉。一位出色表现者当然可以表现出咄咄逼人的一面，但那不是在关键时刻，不是出色表现的阶段。还有，当我们说一个运动员在赛场上咄咄逼人或发起攻击时，我们只是在说他用上了来自整个生态系统的力量让自己变得更加强大（赋能）。即便他摧毁了对手的有生力量，他做出的也是一种既"随"且"顺"的行动，是一种超前行动。在出色表现时，我们的情绪状态没有爱也没有恨，是中性的。障碍无论是来自人、天气，还是来自技术方面，都是需要在生态系统中求解的方程式的一部分。到了这个时候，便不再有别的，只有机会等待着我们去创造、去抓住。因此，一个出色表现者懂得很自然地忘掉自己的情绪，如同懂得忘掉方法一样。他身处大局之中，与环境中的所有元素都处于完全联通的状态，这些都让他的情感变得中立。什么都不再或好或坏，谁都不再或好或坏。

建议：最优化处理

> 什么都没生，什么也都没有消亡，
> 只是现有的东西互相合并，
> 然后又各自分开罢了。
>
> ——安那哥萨克

最优化处理，是最高级的优雅。

所以，这里给出的主要建议就是在日常生活中样样都要最优化处理。要想有出色表现，就不能把事情弄糟，因为事情变糟会消耗能量，与环境形成对抗，这是出色表现者所不能容许的。所以，在我们做事时，要认为我们所做的事是世界上最重要的，投入所有能量和注意力，以便行动圆满完成。同时应注意不要把事情弄糟或因为某种干扰而造成损失，比如在脑子里反复思考，重新回到一个细节上，以及多余的行动……

> 悲观关乎心情，

乐观关乎意志。

——阿兰

最优化处理，始终都要最优化处理。要意识到"最优化"和"乐观"有着同一个词根"optimus"，它的意思是"最好的"。所以，要努力把一切都恰到好处地利用起来。人生处处都要避免因处理不当而把事情弄糟的情况。

● 在想法上：记录自己的想法，把实现该想法的计划列成清单，写下目标。对于每一个想法，都要行动起来，永远不要把一个想法搁置在一边。一个想法可以成为一个计划、一本书、一篇文章、一个物品、一份礼物、一个交流工具……想法是什么不重要，重要的是去实施。假如最终放弃了一个实施某想法的计划，那也要想着把之前投入的精力收回来去做别的事。

● 在能力上：识别每一时刻需要启用的能力。试着把自己当作别人是没有用的。如果你身材纤细，路中间横着一根树干，你可以利用自己的优势轻松越过。如果你才思敏捷，有假言推理、演绎推理的能力，你就可以以自己的方式解决难题。"把自己视作他人"是一种能量的消耗，是一种优雅感的缺失，结果就是走上一条与出色表现相背离的路。

● 在人际关系上：要想着与我们有关的每一种人际关系，从最微不足道的（在街上问路）到特别重要的（开始两个人的生活），都需要尽可能地让它们成为一种最优雅的关系。在交流时，看着对方，用上该用的精力和注意力。赋予每一次互动高度的重要性，但不要耗费过多的精力和注意力。

如果作为平民的你可以保持尊严，

如果在向国王进言时你可以保持平民的身份，
如果你还能爱所有的朋友如同爱自己的兄弟
而不把其中任何一个看作你的全部……

——鲁德亚德·吉卜林

注意不要让多余的话、沉默或冷漠，抑或一种别有用心，影响了人际关系。总而言之，为了能出色表现，我们不能把人际关系搞僵，无论是哪种人际关系。

第四章

出色表现者的心:情绪自治

孩子心里有太多的安全感,他在成人后的生活中就会一直向他人寻求这种安全感,而他人能带来的只有风险和自由而已。

——阿尔贝·加缪

或许像你一样，我有时也会想出色表现者有没有情绪。他们当然有自己的情绪，因为要想有出色表现，就不能把自己的情绪搁置一旁。若将情绪埋藏起来，则会变成一个只会前进的机器人，一个必定孤独不幸的机器人。然而，既然出色表现者肯定会有情绪，那他偏重哪些情绪呢？

藐视幸福

> 一生是这样度过的：我们在与困难作战时想要停歇，但要是战胜了困难，歇下来就会变得让人无法忍受，因为觉得无聊。
>
> 所以要跳出去，寻求喧嚣。
>
> ——布莱士·帕斯卡

寻找幸福，就是想要停歇。而出色表现并不是停歇，而是站立，是对自制力和自由的一种强烈的追求。这就意味着在平时要放弃受害者的身份，不再要求任何对自己的补偿，不再追求什么所谓的内心的安宁。

做出色表现者还是受害者?需要进行选择

> 无论道路多么狭窄,
> 无论有多少卑鄙的惩罚,
> 我都是自己命运的主人,
> 我都是自己灵魂的船长。
>
> ——威廉·埃内斯特·亨利

无论以何种方式,出色表现者都需要感觉到能掌控自己和自己在环境中所扮演的角色。这就是为什么他们很自律,无论是在工作上还是在个人生活上。这不是说他们一定就对组织安排、家务或体育锻炼着迷——我们尤其了解丘吉尔对运动的厌恶!但在很多方面或在某个具体领域,他们真的会培养一些小小的执念,这能让他们感受到自己更有自主性,让它们成为自己首创精神和思想的原动力。

> 你应该成为你自己。
> 做只有你可以做的事。
> 不断地成为你自己,
> 也就是自己的主人和雕刻者。
>
> ——弗里德里希·尼采

虽然某些出色表现者会提到运气，但事实上没有任何引发出色表现的行动是一蹴而就的。只要对通往出色表现的整个过程进行仔细的观察，我们就会发现，成为整个系统的行动者这种强烈的感受是多么重要。为了使出色表现的魔力正常发挥，行动者必须感觉自己在很大程度上就是这种魔力的创造者，待魔力产生后就会被它带着走。因此，就是这种要感受到一切尽在掌握中的内心需要，带着出色表现去寻找一种情绪和感官上的自主。至于情绪，既然出色表现者感觉可以根据自己的意愿让它自生自停，那它就可以是各种各样的。忍受所处环境或自身情绪，这是一种被动行为，而被动行为是出色表现者受不了的。于是，从环境角度来看，他们同时培养了一种智慧，培养这种智慧不一定很容易。这种智慧使他们认为他们始终忠于自己的选择，所以他们体验到的情绪不仅与处境相符合，而且间接地成为他们所做选择的成果。他们还表现出一种了不起的奋斗精神，常起早贪黑，不能忍受"休息是应得的"这种想法。在他们看来，休息不是一种奖赏，而是一种短暂的死亡，应加倍努力，以达到自己的目标。处于出色状态时，一个人从来不会觉得自己是受害者，因为受害者和出色表现者是完全不同的境况。在受害者栽跟头的地方，出色表现者发自内心地想要掌控局面，要行动，要对自己说一切都是在其意志的作用下发生的。这是不是真的无关紧要,但对他来说是真的。因为,想到不幸可能是他人意志的结果,他就无法接受。

> 不要过于强烈地抱怨别人给你带来的伤害,
> 你可能给想象力没那么丰富的敌人出了主意。
>
> ——纳西姆·尼古拉斯·塔勒布

在这一点上,也需要敞开遗忘的大门,一个人才能有出色表现。为自己的苦难立一座纪念碑,以殉道者的身份相威胁,要求得到补偿的权利,这些是出色表现者所鄙弃的。对于出色表现者来说,他们会想也不想就去冒险,去探寻自己身处牢笼的风险,即使它是一座安逸的牢笼。当然,就算我们曾经是受害者,也可以有出色表现。但要想有出色表现,就必须放弃受害者的身份,必须忘掉、翻过遭遇苦难的那一页。感受到自己的存在不受造成精神创伤的那个事件的影响,甚至不允许那个事件让自己受到精神创伤,哪怕以失去幸福为名义。因为对自己说"我是受害者"或"我是詹姆斯·邦德",决定了接下来的行动是否会成功。

> 或许一切都不该接受一个名义,

因为担心这个名义会改变它。

——弗吉尼亚·伍尔芙

当然,出色表现者也会通过外部原因去解释某种遭遇,比如因为他人、命运或局势。但他们会有一个习惯,即把某一遭遇纳入自己的经历之中,无意识地在精神上将其转化为迈向出色表现过程中的一步。他们有这样一种观念——一个不好的东西最终可能是对我们有利的,但这并不意味着出色表现者是根深蒂固的乐观派,尽管……

不要跟消极的人在一起,

对于每个解决方案,他们都会觉得有问题。

——阿尔伯特·爱因斯坦

要想出色表现,就不应该优先考虑自己未来的幸福,而最需要考虑的应该是赋能。出发去寻找幸福,如果将自己置于安全的状态,就可能会因为一个出乎意料的外部事件而眼睁睁地看着自己停止飞翔。出色表现者的思维模式包括放弃来自他人或自己对于自身所受苦难和伤害的认同。如果需要有补偿的话,那它也会以一种报复的形式出现,而不是他人对其苦难的认同。为了重新让一切尽在掌握、继续前进，最好的方法就是投入工作，无论什么领域。

> 对于寻常事，我们更加相信自己找到的理由，而不是别人给的理由。
>
> ——布莱士·帕斯卡

此外，如果一心想做领军人物，托起整个系统，还需要放弃他人的保护。尽管在心灵深处，我们时常幻想有一天有人会像牵起孩子的手那样，牵起我们的手迈向成功；想闭上眼睛，希望再次睁开眼睛时发现困难变容易了；想有一个守护天使在我们睡觉的时候精心安排好一切。

除了情绪，身体上的感受在思维活动中也发挥了作用。出色表现者特别喜欢通过一项运动、一种创造性的活动或冥想活动，甚至通过饮食或生活方式实践禁欲主义，在日常生活中锻炼自律和毅力，以体验自身的掌控感。这在出色表现者看来，让自己经历考验、经历一种出色表现训练，这是一种赋能的过程，不是一种仅仅为了发泄而做的简单活动。出色表现者所做的一切都能在一个更伟大的行动中找到它的意义，所以他们会认真对待并将其视为锻炼自己的机会。没有什么行为或思考是为了当下的利益，他们所有的经历，无论看起来多么微不足道，都是要融入一个更宏大、更重要的目标的。因此，没有哪个出色表现者跑步就仅仅是为了跑步，而是通过跑步为超越自我并与环境中的各元素更好地联通做好思想准备。

建议：发布规则

> 我什么也给不了，除了血、辛苦的劳动、泪水和汗水。
>
> ——温斯顿·丘吉尔

● 找一个领域，无论是多小的领域，开始进行雷打不动的自律实践。这可以是一种运动、一种艺术活动、一种爱好、一种严格的工作安排或禁食计划。但需要在某个地方或一天中的某个时刻有自我掌控感，能很好地掌控自己和各项事宜，感受到一种能控制人生的力量……

● 始终要求自己和他人表现优秀。优秀经常被视为一种极端的苛求，这不大现实，还会给人带来压力。与此相反，出色表现者把它看成一种对自己、对他人的尊重，普遍说来也是对生命体的尊重。一个生命体，当它在良好条件下自我表现并遵循一种熟知的程序时，它每天都是优秀的载体。在出色表现者的眼中,不追求优秀,就显得傲慢或平庸。优秀的要求对他们来说相当于实现自我掌控的一个步骤,达到准确的一个步骤,且尤其是找到尊严的一个步骤。而反向的道路则类似于一条通往怜悯、可耻的道路,也就是对人缺乏尊重的一条道路。

● 制定并在相关系统中公布自己的规则。当然,要与该系统相适应,要了解,至少暗地里了解一下该系统的规则并广泛应用。但任何一个功能系统规则都是会发展变化的,因此,需要在相关生态系统里创造自己的生态系统,在整个大的规则基础上创造自己的规则。为了使一个集体,尤其是一个家庭得以维持,它需要同时符合"要不一样"和"要符合"的双重限制标准。换言之,就是要制定自己的规则,同时也要遵守已有的社会规则。自己制定的规则不与集体相背,但要能有足够大的推力,使集体规则发生转变。如雅克·迪特隆设定了自己的非典型个人生活,与弗朗索瓦丝·阿迪分开但未离婚;蒂埃里·莱尔米特与妻子和孩子们在帆船上度过了几个月的生活;理查德·布兰森实现了锐意创新,成立了一家廉价航空公司,打破了市场规则……出色表现者的规则,首先是创造自己的规则,并将其变成所处生态系统的规则。他内化了集体的规则,并消化、吸收、代谢、遗忘,继而创造出属于自己的规则。

珍爱自由，
与你的守护者作战……

> 人生不是找来的。
> 人生是创出来的。
>
> ——萧伯纳

出色表现者的情绪是多变的，可以在同一天从慌乱不安到慷慨激昂，以想要行动起来的兴奋为表现形式。出色表现者通常会提到当自己的能力被环境充分调动起来时会产生一些非常积极的情绪，从而能够成就一个"壮举"。但这样的情绪并不能让出色表现者避免吃苦。这种苦其实是一种"有益的苦"，比如像运动员全力以赴时并不会产生消极的情绪。

> 痛苦对我来说无所谓，我不喜欢替代品。
>
> ——米尔顿·艾瑞克森

此外，出色表现时有积极情绪，并不意味着出色表现者始终情绪激昂或有一种永恒持久的兴奋状态。而只是说在出色表现时，也仅在出色表现时，通常是在短期或中期的一个时间长度，情绪基本处于一种激昂的状态。因此，可以通过激发那些能够促使自身能力与有利环境相同步的积极情绪，来提升自身的智慧水平。从一种消极情绪里挣脱出来总是很难的，这是一种认知的惯性。消极情绪把人关进牢笼。在与外界互动最频繁的时候，这种消极情绪以愤怒或害怕的形式展现出来。人越与外部世界隔绝，就越会被愤怒与害怕支配，相应的消极情绪就越会带有放弃、抑郁、忧伤绝望、极度悲痛的色彩。但需要注意的是，我们经常认为抑郁的人多内省，认为他们之所以抑郁，是他们自己的问题，他们过于关注内心深处所致。可还有另外一种情况：完全以自我感受为中心，沉浸其中，绝无脱离的可能，被内心情绪所控制，与外部世界没有联系（这是抑郁的临床表现）。我们不应该将这种情况与内省混为一谈，内省是想方设法将内心世界客观化，为的是让自身与外部世界的关系能更有利于个人的充分发展。得益于内省，我们可以遨游在内心世界，近距离观察我们感受到的东西。奇怪的是，内省也能让我们与自己拉开一定的距离。如同在镜子里看自己，我们与自己有联系，虽距离足够近，但还是有一段距离，而这段距离相当重要，因为通过这段距离才能看到自己。在这里，内省的目的不仅仅是与自己建立联系并更好地了解自己，而是通过去寻找被罗曼·罗兰称为

"海洋之感"的东西，也就是属于"大体"的感觉，从而增加自己的积极情绪。当被这种"海洋之感"包围时，我们会在周围环境中体验到精神上的洗礼，会在此时此地经历一次精神升华。我们会觉得身心不再密闭如初，它们甚至会延展到我们周围的一切，会让人觉得自己如同茫茫大海中的一个水分子，与大海相联通，成为它的一部分。这里所说的仿佛指的是拉开距离，以便在世界里找回自我的感觉。这种感觉占的成分越多，我们就越能远离消极情绪。

劳动是另一种与环境联通又不会惨遭厄运的方法，因为它让人与环境保持了距离。它是人在环境中的化身，同时使人可以改造环境。它让人与世界的关系越来越紧密。它有时是一种痛，但是一种有益的痛，出色表现者都喜欢强行让自己经历这种痛。这种距离的保持和这种以自己和所处环境为对象的劳动，如果能为出色表现者提供一种情绪和感觉自治的保证，那么对于出色表现者来说是很重要的。因为出色表现者展现出的是一个智者的形象，既与外界联通，又在内心遨游。

劳动是变得可见的爱。

——哈利勒·纪伯伦

在遨游过程中，出色表现者迫切需要感受到自己的能力限度，需要感受到他这个"火车头"在所处系统中所起的作用，需要感觉到所有的情绪和感受基本上都是由自己引发的，是在自己的意志掌控之下，而不是由所处环境决定的。自治的感受是出色表现的根基，因为它是出色表现者创造力的发动机。即使一个主意不属于任何人，要想有创造力，就要觉得它是自己想出来的，是在自己心里长大的，是自己辛辛苦苦创造出来的。所以，尽管出色表现者与所处环境联系紧密，且其创造力是在其自身和环境的共同作用下产生的，要想做系统的发动机，就要在自己所做的选择中，在自己的行为中以及在自己的内心活动中充分体验自治性，尽管这说到底是虚幻的。

如果一群人在一个荒无人烟的岛上，唯一的食物就是长满整个小岛的椰子树上的果实，那么他们要么选择等到椰子从树上掉下来，要么爬到树上去摘。在这种情况下，他们会派一个人去，这个人既是大家认为攀爬本领最强的，又是在日常生活中表现最英勇的，所以大家都会一致推选他。虽然是集体做出的决定，是环境导致的决定，是当时当地的决定；然而，为了使摘椰子的行动变成出色表现，也就是说为了使选出的那位攀爬者带回的椰子，无论在数量上还是在质量上都能出人意料地与盛产椰子的小岛相媲美，攀爬者除了本身的意愿之外，还要有一种强烈的感觉，即觉得这个主意是他自己想到的，而且自己的感受也是自己引发的。我并不是说，出色表现者根本就是更加自由的人或者自由意志的真实存在。很简单，要想有出色表现，要想创造道路、开辟道路，就要有一种自治感，觉得自己是自己的原动力，完全不受意外情况的干扰，而相比之下，其他人可能会成为这些意外情况的奴隶；要有一种自我生成的幻想，忘掉自己的直系亲属，忘掉自己的文化以及所有培养过自己、教过自己、给自己指过路的人；觉得自己可以自给自足，是自己的原动力，是不受束缚的。

> 我拒绝相信自由，拒绝相信这一哲学概念。
> 我不是自由的，而是有时受到外来压力的束缚，
> 有时受到内心深处一些信念的束缚。
>
> ——阿尔伯特·爱因斯坦

因此，拥有自由意志代表着拥有一种在情绪和动力上强大的调整能力。出色表现者不一定寻找积极情绪，尽管他很可能经常有这样的经历。他所追寻的，首先是能感受到的一些非常强烈的情绪，以至于经常用激情来形容它，以至于他能感觉到自己在这世上存在的分量。这种自治感

是出色表现的一种必要条件。

建议：幻想自己是自由的

> 我感觉我是自由的，但我知道我并不自由。
>
> ——埃米尔·齐奥朗

培养出色表现者特有的自治感和自由感，要做到以下几个重要的几点：

● 不要向任何人请求原谅。和我们每个人一样，出色表现者也会犯错，或者比我们错得更多，因为他们有爱冒险的倾向。当然，他们懂得承认错误并为之表示歉意，这是最基本的，因为这能让他们与所处环境保持一种信任关系，而且尤其能使他们消化、吸收、内化自己所做的错事，从而吸取教训，而请求原谅是其中的一步。然而，如果说出色表现者会接受人们评价他们的所作所为（这关系到的是暴露自己），那么他们并不会让自己因为一个负面的反馈而变得脆弱，也绝不会为自己与众不同的个性而请求别人的原谅。

● 表现出自己的一种坚定的人格特性。不要兜圈子，不要淡化热情。这并不是说硬要让自己成为反叛者或以反叛者的形象呈现于世，而是不要向任何人妥协，要尽情地表达自我。

> 被质疑，就是被发现。
>
> ——维克多·雨果

- 定期给自己树立目标，并且要兑现。
- 永远不要妥协。一个出色表现者感觉自己是完整的，内心是由自己填满的，他完完全全是为自己的目标而献身的。然而，任何一种妥协都意味着依赖和放弃，这对于他来说只会产生一种强烈的挫败感，因为他宁愿以追求完胜为目标，哪怕最后不得不对自己说，之前认为应该放弃的，事实上对他来说至关重要。
- 劳动。劳动，劳动。对环境进行卓有成效的改造，即便所做的事与设定的目标毫无关系，可以是写一篇文章、做园艺、雕塑、修修弄弄，或为自己的一个特定计划做些什么。因为感觉自己在劳动，"让自己吃吃苦"，就是在提升那种"自己是自己的原动力"的感觉，也就是自由感，那是出色表现者所特有的感觉。这种感觉可以使人完全放手，进入出色状态，因为已经掌握了某种技巧，积累了信心。

> 我是特别喜欢费脑子的人，我抠那些最小的细节。

> 我总是头天晚上排练第二天的戏，
> 一个场景能练很久很久，
> 可能会练上一整夜。
> 而当我们到了拍摄现场，
> 要开拍的时候，
> 那一刻，因为已经准备得妥妥的，
> 我可以完全放下之前细想的东西，
> 以便完全把自己交给当时的灵感。
>
> ——帕特里克·迪瓦尔

建起自己的堡垒

在坡上奔跑：抗脆弱

> 妈妈和安娜以前总把考验视为一次行动的机会。
> 丑陋？一次美起来的机会。
> 痛苦？一次乐起来的机会。
>
> ——芬恩

毋庸置疑，出色表现者是一个抵抗脆弱的人。他能经得起痛苦，能将痛苦吸收，甚至感觉痛苦能让他变得更强大。意外使他超越自己，未知向他发起挑战，风险使他变得更加优秀，而不是使他一动不动地待在原地成为系统2的囚徒，去想太多可能会出现的恶果。他往往不想其他的选择就向前直奔而去，与其他生命体及其种种不确定性同频共振，将智慧那色彩斑斓的旗帜举至最高处。

一个幸福的社会会促使和平、团结、平等、和谐出现，也会使我们害怕失去和谐背后所有的保障。

那种和谐是让人安心的、平顺的，是没有坑坑洼洼、没有困难的。但在这样的社会里，我们会被脆弱束缚住，再也不能灵活地迎接人生的转瞬即逝，全凭防晒霜、雨伞、乳胶手套、保险、担保、储蓄的保养。尤其是没有一个人会出来说：觉得在人堆里很暖和。我们禁止孩子荡秋千时两脚高高地碰到天空，怕系紧的绳子会松，怕完全荡起来的时候孩子会颠簸，怕他手滑，怕哪里没有固定好，禁止他荡得太高。

怯懦使人敏感。

——埃米尔·齐奥朗

没有共振，就没有智慧。但我们本身是有能力的，懂得通过思考和计算的方式规避风险，此乃系统2的荣耀。

禁止走在雨中，怕因远处飘来的云彩而迷了路，因为一旦出了事，我们都不知道该怪谁。于是我们灭菌、修整，以避免任何一起可能会轻松毁灭我们的事故。而因此，我们会深陷脆弱的泥潭，产生没完没了的过敏反应。在这个推崇温柔的世界里，最弱的风也能使我们化为乌有。我们丝毫不能容忍差异的存在，不是因为我们是坏人，而是因为我们变得太脆弱，无法接受身边的差异。然而，你会说，我们从未像今天这样如此看重差异。错！我们看重的只是自己身上跟别人不一样的地方，并因此自我感觉很好，却受不了别人跟自己不一样。

每个人都把自己不用的东西叫作野蛮。

——米歇尔·德·蒙田

来吧，来跟我说说你与另一个人的友谊。一个朋友对你说，他为女性的解放感到遗憾，认为这个社会因此吃了亏，从前孩子们得到的爱更多，丈夫更有满足感，妻子也受到更多的保护。然而在今天，大家都与他的观点不同，认为他对合理的事情发起了攻击，他说了侮辱性的话。来吧，来跟我说尽管你不同意他的看法，你还是喜欢他，而且觉得他的观点也没有那么愚蠢，和自己的观点一样具有合理性。因为你的观点也不一定就比他的好,虽然大多数人都站在你这边,但那也只是一个表象。因为很简单,观点就是观点,所以没有哪一种价值观绝对优于另一种价值观。来吧,再来跟我说,如果这位友人刚刚不幸遭到一群乌合之众的袭击,你会公开表达你与他的友谊,不害怕,也不觉得有必要解释什么。如果我说的一切,你都用"对"来回应,那么你很有可能就是抗脆弱一族,你有很大概率比其他人更能直接通往出色状态。很简单,这是因为你并不觉得这种不一样的想法以及它所具有的危险性让自己受到了侵犯,也不觉得自己因此而变得脆弱。因为你懂得在意外发生时,将意外并入自己的预料之中,意外永远都不会让你惊讶得目瞪口呆,尤其是纳西姆·塔勒布笔下的"黑天鹅",一个不大可能发生但后果非同寻常且波及面广的事件,也就是计算员没有预测到的,被我们这个幸福的社会斥责的事情。逃离死亡、恐惧、困难,凭借的是Excel表格、合理的推理、对未来的预测,还有像《三只小猪》里最后砌起的砖瓦房。我一直都很讨厌《三只小猪》的故事,因为它教小猪怎样学会以最好的方式去躲狼而不是打狼。

最终发生的,不是不可避免的,而是不可预料的。

——约翰·梅纳德·凯恩斯

所以说，我们很脆弱。我们往往相信自己已经凭借知识建起了一座坚固的堡垒，但只要来一点儿小意外，即便不会打垮我们，也会使我们的人生变得迷茫。我们惊慌，变得愚笨，不明白哪里犯了错。我们开始发现，和谐完美社会并没有把我们保护得很好，也没有让我们变得更强大。所以，真正的堡垒，是学着打狼。动作更快些，与自然中恶劣的一面较量一番，以使自己产生免疫力，感受痛苦，学着从痛苦中走出来。堡垒要想不倒，只能建在内心之中。建起自己的堡垒，就是尽可能地实现自治。通过吃苦来让自己受益，以考验自己的力量，还要亲眼看到自己从痛苦中走出来。

有人会阻止孩子在坡上或者在过马路的时候奔跑，这总是让我感到惊讶。我惊讶的是，如果我阻止自己的孩子奔跑，这会让他觉得我对他没有信心，认为他在跑的时候不能把控好。我对他如此缺乏信心，以至于我认为他要是在这些情况下跑的话会很危险。我并非有意要将孩子置于非常危险的境地，因为如果我对孩子有信心，认为他有能力，我就会把这种信心传递给他，使其能产生抗脆弱心理，也就是能够去冒险。如此，他无论在什么样的坡上都可以奔跑、可以跌倒，甚至这样的经历还会让他陶醉其中，因为他能承受所有可能的后果，能从所有可能的后果中走出来并同时得到成长。

建议：冒险尝试一下自治

我们都是闹剧演员：
最终都能从自身问题中脱身。

——埃米尔·齐奥朗

● 在坡上奔跑。冒风险，在不稳定的平衡中找到乐趣，定期给自己一些挑战，让风险程度逐渐递增（当然不要有生命危险）。然后发现即使风险最大的挑战，我们也是可以经受得住的，且真的能让我们更加强大，如果不将其视作命运的捉弄的话。

● 让自己在各个方面都强大起来。在饮食方面，要保证维生素、矿物质等营养的摄入，在身体健康方面要保证有规律的运动和性生活……但在心理上还是要不断向上发展，此外还要有一种淡泊的心境。在心理非常脆弱的时刻从不怀疑，坚定地认为自己感受到的苦恼是超越自我、让自己变得更强大的一次新机遇。

唯一让人无法忍受的是，

没有什么是让人无法忍受的。

——阿尔蒂尔·兰波

● 要知道这世上有一些愚蠢的人，他们的想法跟我们自己的想法一样，而另一些杰出的人则想法不同。尽量不要跟与自己想法一样的人来往甚密，而要经常跟比自己的想法高明的人在一起。在不同人群中找到自己的朋友，各种领域、各种肤色的朋友……在观点不同时，接受矛盾而不受其困扰。

忘记自身矛盾

蠢人，什么都敢做。甚至正是这一点才让我们认出他们。

——米歇尔·奥迪亚

我很喜欢那些脆弱时刻，在那些时刻里，我不敢做。我觉得自己态度谨慎，我在观察，甚至有些害羞。我自觉低微，想着工作，想着出门不带伞会导致的各种可能的结果。我犹豫如果把想法变成行动，别人会怎么说我。甚至如果可以，我倒很想在雨中唱歌。我在这个自我和另一个自我之间权衡利弊，在这一瞬间，我沉浸在思考的欢乐中，我回到自己的世界里，回到茧里，计划我的行动。这种把自己剥离现实世界的做法有一点好处，就是通常当我决定思考是否要带伞时，我已经不想出门了。我已经从犹豫中走了出来，就像人们说的那样。

说到底，脆弱的人之所以失败，通常是因为他们不能接受其本身的矛盾。与能抗脆弱的人（尤其是出色表现者）相反的是，脆弱的人强烈地想要向世界展示出一个能自洽的人在任何情况下都整齐划一的形象。他必须让自己不再矛盾，不再有内心冲突，他要从内心冲突走出来，呈现出一种不会招致负面评论的形象。为了防止有人批评，他会把所有批评的话都想一遍。如果他做不到，他就不从内心矛盾中走出来。如果做到了，他就会带着掩盖自身矛盾的几十个身份盾牌走出来。

> 永远不该让敌人绝望，
> 这会让他变得强悍。
> 温和的政策更好，
> 能让人变得软弱。

——让·阿努伊

出色表现者，相反，他们敢做。那他们会是奥迪亚说的"蠢人"吗？不。当智慧到了它的最高限度，也就是出色表现，"敢"就成了智慧的标志，如果一定要分辨哪些是蠢人，蠢人则是那些什么都不敢做的人。

说到底，身份特征只不过是我们自己对自己说的且别人也在说的一个故事罢了。我们在某个特定的时刻，从自己身上挑几个优点，然后以说得通的方式把它们排列组合一下，以便在世人面前展示自己。比如，我们可以对自己说我们是一个慷慨的人，并围绕这个想法编一个故事，然后说给别人听。当然，在这个时候，我们通常不是有意识地在进行自我推销。通常，如果在好几种情况下都觉得自己慷慨，就会认为可以用这个词来形容自己。然后，我们就会若无其事地打开几个聚光灯，为的是把自己这一特点明显地展示出来。要想做得好，聚光灯的光线要柔和；要想做得更好，就不要让大家注意到聚光灯的存在。展示出来的慷慨就这样通过外部世界的肯定得到了强化，这为个人身份特征中的一个特点的建立助了一臂之力。为了打造一个稳重的自己，我们对这种做法都乐此不疲。且在绝大多数情况下，我们做这些都是无意识的。然而，我们清楚地感觉到一切都不是那么简单，亮闪闪的包装纸并不能映照出所有的现实。

其实，慷慨的人清楚地知道自己并不是每时每刻都慷慨，甚至在某些时刻也特别自私。

对于我们中的大多数来说，展现给世人的形象，也就是围绕一个个优点加固我们所建立的身份特征，在与我们矛盾的现实相抗衡时很快就占了上风。我们无法接受这样的假设：我们可以既是一个慷慨的人，同时又是一个自私的人。我们中的大多数坚定地认为，自己在世界舞台上演出的由一个个片段组成的戏剧是一个绝对的事实。他们过分重视自我形象的重现，这就形成了一种对矛盾的强烈否认。所以，他们害怕让矛盾暴露于世，也害怕它们暴露在自己的意识面前，这种恐惧让他们无法忍受。

> 讨论你的能力范围吧，讨论完了，就真成为你的能力范围了。
>
> ——理查德·巴赫

对于出色表现者，他们的身份特征是多样的。他们对于身份特征的感知足够灵活，能抗脆弱，以至于不让自己因矛盾而陷入危险。他们把目光聚焦在所做的事情上，对自身形象的关注居于次要地位，他们最多把它看成一个认识自我的工具。一个出色表现者似乎相当自然地接受自己是复杂的，并能自如地忘掉自己的复杂性。他不任凭他人把自己限定在一个已确定的角色上，这给了他巨大的自由，而这种自由加固了他内心的堡垒。他内心存在一个矛盾，亦是一个悖论：一方面，强迫自己严守铁一般的纪律，以获得自我掌控感和自主感，表现出对自己的坚决不让步；另一方面，为了能冲上浪尖，他又带着某种对自己的宽容，能够绝对放下，因为他能明智地意识到自己留给世人的形象缺乏一致性。

因此，出色表现者通常看起来像变色龙，这不是因为他们缺乏个性，而是因为他们把自己热衷的事业放在第一位。在他们的综合视角下，他们懂得绝对好或绝对不好的概念是不存在的，懂得只有相对性可以让自身内化矛盾且能让矛盾使自身变得更强大。我们时常惊讶地发现，出色表现者在世人眼中以一个征服者、一个强悍结实的人、一块击不破的岩石的形象展现自己，而他们在日常生活中却被亲朋好友描述成一个名符其实的"毛绒小熊"，依赖于他人的爱，甚至在家里或在个人做决定时不能自主。这两个形象哪一个是真的？当然两个都是。归根结底，无论哪个人身上都没有某种特征，足以让人形成一种永恒不变且完全固有的形象。我们是变化的、不规律的，我们讲的故事能把组成我们特征的某些东西粘连，但这仅仅是自我与自我之间、自我与世界之间的一种和解方式。进入出色状态意味着要有这种看问题的高度，要有这种堡垒，需要摆脱自身形象的束缚，通过接受并忘掉自己内心的矛盾而去超越原有的形象。

当我没有蓝色颜料时，我就画上红色。

——巴勃罗·毕加索

建议：接受自己的两面性

● 学着体验相对性，接受矛盾，锻炼自己的心理灵活性。定期为自己找点时间，分析一下自己人格的某个特征，并在自己身上找出与这一特征相反的例子，就当娱乐。如果我们是公认的爱开玩笑的人，那就把很多次相反的情况，也就是我们严肃认真的一面找出来。如果我们给人的印象是理性、严格的，多少还有点拘泥于形式，那就向自己证明很多时候我们的思维也是混乱的、非理性的，甚至是神秘的……

● 接受自己的矛盾，那是当然的，但也要谱写关于自己的传说。既然很清楚地知道人人都(给自己)讲故事，那就(给自己)讲一个能让自己超越自己的故事。谱写传说，就是从自己的真实经历中选出一些片段，然后重新排列。既然已经意识到自身存在着许多悖论，且身份特征只是个人打造出来的，我们就可以下定决心在打造身份特征这件事上彻底觉悟，并把握好我们讲的那个故事。不要忘了，出色表现是建立在全体一致同意的基础上的。我们讲的那个关于自己的故事，是要参与到达成全体一致同意这一结果的过程中的。每一次出色表现的背后，都有一个很厉害的人生故事，但它是真实的还是想象的都不重要，毕竟每个故事都只是所选片段的重组。要想创写一个传说，就要选择那些会让人肃然起敬、给予支持的片段，或能够实现自我超越的任何一种行为。当然，很难在某一天坐到桌前，面前一张纸，手里一支笔，就像为了某项事宜写工作文件一样写我们的个人传说。但还是完全有可能找个时间思考一下，我们想成为什么样的人，想把自己身上的哪一面优先展现出来。是苦难的一面？因为人人都经历过苦难；还是伟大的一面？因为它也是确实存在的。想要有人安抚，就讲有关我们脆弱的故事；要想有出色表现，就要讲我们是怎样懂得征服世界的，怎样继续在这条路上走下去。

腼腆者被过分放大的自我

> 放之四海而皆准的智慧教导我们,
> 为了名誉,失败而符合常规比成功而违反常规要好。
>
> ——约翰·梅纳德·凯恩斯

头也不回地放弃一个原则或一条道路,可以让人离开那条带来安心愉悦的理性之路,接受自己被浪卷走,接受自己处于不稳定的平衡之中,接受跳进未知的世界,信心满满,能抗脆弱……拥有以上这些心态需要两个最初的条件:既要给自我以信心,又要能抛开自我。这两个条件是不可分割的。作为临床医生,经常有人找我看有关腼腆的问题(注意不要混淆"腼腆"与"内倾"或"矜持";我们可以内倾或野性十足,但并不会表现得腼腆)。通常,给腼腆的人也就是缺乏自信心的人做心理陪护,是建立在自我修复技巧之上的。我们认为腼腆的人有一个脆弱的、不完整的、受损的自我,于是提议他们学习或再学习拥有强大自我的人的心态。然而,这个提议虽然看似很有用,但通常不能使腼腆的心理发生深刻改变。

首要原因是,提议某人采纳一种行为,但他事先并没有信心,这就很可能会降低成功的可能性。把自己当作另一个人，模仿他人的行为，的确在改变思维模式上有不可否认的效果，但还是需要那么一点点自信才能向前冲，相信自己所扮演的角色，否则认知上的不和谐可能会使腼腆者的行为走向另一个极端，他会更没有自信。强迫自己对自己说"我很强大，我很结实，我向前冲！"，而在内心深处却对与之相反的一面无比确信，这么做，起反作用的可能性会非常大。因为，逼出来的行为，并没有经过同化而真正变成自己的，会很不自然。一连串的结果会纷至沓来，先是笨手笨脚，企图强行改变，最后会导致周围环境的极度排斥，消极反应增多，这样的想法便会被强化：我们没有权利在这世上有自己的位置。

励志的话，即用鼓励的方式使人变得坚强的话语，把自己当超人的那种自我激励在瞬间能产生不容忽视的效果。一个教练可以在半场休息时把整个队伍再次动员起来，说一句打气的话："加油！加油！你们可以做到的！"我们一下子就能感受到力量和勇气。但这些技巧只能产生短期效果，它们的作用是短暂的，需要人们一直陪在旁边，一旦士气低落就要立刻鼓劲。然而，就算可以这么做，每一次的介入效果也会递减，因为鼓励的方式丧失了新鲜感，大脑的"兴奋"程度就会降低，不再将这样的信息视为优先考虑的或最有用的信息来处理……

因此，把自己当成他人，在某些情况下被证实是有效的，它好似一粒奇迹药片，一种见效快的消费品。但这只是一种短期的解决办法，不能从根本上解决问题，而且只要我们不确信，就没办法把它应用到日常生活中去，从而达到出色的状态。

那腼腆者到底需要什么，才能确信自己可以有信心？这就引出了我反对盲目让他们增加自信的惯常做法的第二个原因：其所依托的最初假设。这类矫治工作大多数都是基于一个理念：没有足够的自我，要弥补，也就是内心的自我太弱小，要让它强大起来。但只要仔细观察，就能发现腼腆者的问题完全不是因为没有足够的自我，甚至恰恰相反。你跟一个腼腆的人交谈，很快就会意识到他的问题在于对自己展现出的形象有一种惊人的执念。

> 如果你赢得了自尊，
> 那么他人的尊重就是一种奢侈；
> 否则，他人的尊重就是一种必然。
>
> ——纳西姆·尼古拉斯·塔勒布

腼腆者不一定会对自己的优点和长处提出质疑。他有时甚至会说，他明显意识到自己比他人更有理由坐上团队里的某一职位。但他还会说,虽然他很清楚地知道自己的价值,但他觉得自己无法将一个观点或一种行动强加于人,因为他"怕被别人看成……",因为"这展现出的形象恐怕是一种……"。缺乏自信的人说话时用的词汇,基本上都是围绕着羞愧、耻辱、他人的看法、名誉、闲言碎语等。所以我们发现,在这里,更多的是自我意识过强的问题,而不是自我意识太弱的问题,他将自己的注意力主要集中在他人对自己确实存在的或可能产生的看法上。他无法忘记自己,无法去揣摩他人的心思,无法去想象他人是怎么看自己的,也无法知道其实他人的看法对他来说并没有危险。

焦虑是一种想象力的丧失。

——华特·迪士尼

在一系列合理化的思考并做出努力后,腼腆者希望能控制他人对他的看法。而系统1却是中立的,无法施以魔法让他忘记,于是腼腆者就一直被困在他的那些"合理化"想法上,不能敞开心扉,也不能拿起电话打给朋友或同事……我们喜欢腼腆者且支持他,因为他看起来很脆弱,但通常并非如此!在一个暴力的社会里,我们就这样强化了他原本的行为。于是，腼腆不再是一种缺点而是在无意识的情况下变成了一种优点。诚然，腼腆者觉得自己是残缺的，因为自我抑制使他不能拥抱世界，但总体而言，集体对他委以重任所带来的好处是很可观的。而出色表现者则相反，如果他们要向左走或向右走……才不在意别人会怎么看自己。这并不意味着他们不在自己的形象上下功夫：他们可以下功夫，但并不是自己形象的奴隶。

或许出色表现者只想着自己，想着成功和晋升。这有待证实。或许他们比其他人更以自我为中心，但以自我为中心和以不正常的方式树立自己的形象并不是一回事。出色表现者，如杰拉尔·德帕迪约，他有那种镇住全场的气派，在灯光下是那么出众，以至于人们觉得他好像很自我。可是，如果我们深挖，在他的另一面，我们会看到一个只专注于自己形象反馈的人，他粗暴地对待自己的形象，扭曲它，让自己的身体惨遭世人眼光的质疑，让自己的本能告诉他该去往何方。

建议：偏离自我中心

● 做些滑稽可笑的事。尽可能经常做，只要不造成不堪的后果（现实结果），抱着好玩的心态在某一天表现得不那么讨人喜欢，甚至令人可笑。出门戴一顶怪里怪气的帽子，问一个愚蠢的问题，说自己看不懂一个大多数人认为很简单的东西，在一种我们知道自己不在行、没天分的活动中尽情地在他人的眼光之下暴露自己……然后通过观察我们会发现，在周围环境中收获到的他人的反应其实是微不足道的。

● 练习自嘲。这里不是要自我诋毁，而是强迫自己笑话一下自己，为的是不再以自我为中心。笑话自己需要一种谦虚的心态，而谦虚的心态可以增强出色表现的信心。

● 培养自己的共感能力。锻炼从他人角度思考的能力，明白他人站在什么位置上思考、行动或回应。在公共场所，试着去想象某个人过的是怎样的生活，他会叫什么名字，他拥护哪个政治党派，他有什么样的世界观，他的情绪状态又是怎样的。经常做这样的练习，无论自己的推论是否与事实相符，都能锻炼我们重视他人所关注的问题的能力，也能让我们意识到在一般情况下我们所关注的核心问题并不是自己。这样，我们就能从中获得一种极大的行动自由和充满自信的思考自由——因为能够忘记自我。

第五章

出色表现者的清醒：忘却

相信有天堂的人，
不信有天堂的人。

——路易·阿拉贡

出色表现时，人处于何种意识状态？换言之，在那个时候，人在想什么？人的思想是建立在什么基础上的？假定出色表现阶段人的思想是建立在某种特殊的东西之上的，我们或许会设想出色表现是一种高水平的算法思维；设想出色表现者完全知道自己在做什么，一切都是极度精确的，深思熟虑的；设想在智态的这个最高阶段，人处于一种非常精细的意识之中，通往胜利过程中的每一步都是有意识的。如此一来，出色表现就成了批判性、理性的最高级别了。可我们之前讲过，智慧、出色表现，它们其实很少得益于系统2的理性。

回忆自己的出色表现时，我觉得当时处于一种"凌驾于万物之上的意识"中。你也试着回忆一下自己的出色表现，试着找回那个满路皆绿灯直通成功的那一刻，感觉自己力量强大的那一刻，比周围的人能更好地达到目标的那一刻，收获认可的那一刻。我们都经历过这些时刻，每个人达到的层级不尽相同。在这些时刻里，我们更多的是凭直觉行动。而正因为凭直觉行动，我们才有了创造力。创造力是出色表现的一个发动机。首先，我们吸收了各种信息，交由系统1来指挥，让它和直觉一起指引我们。其次，为了开启行动，你和我，我们都感觉到自己的创造力达到了顶峰。各种因素之间建立起了联系，拼图大功告成，就好像我们的意识在演奏交响曲。

> 有人把太阳画成一个简单的黄色圆点，
> 但也有人把一个简单的黄色圆点画成一个真正的太阳。
>
> ——巴勃罗·毕加索

吸收：直觉

出色表现者是一块吸水性极强的海绵。这听起来像个广告……我或许还可以说他们能把白的洗得更白，而这也是真的。因为在我们大多数人失败或不敢冒险的地方，他们都能取得成功。他们之所以成功，首先是因为他们的直觉：他们不带任何先入之见，除了要达到目标的想法；他们从来不固守于一个原则或活在一段回忆里。

闻时代之气息

> 要一直沉醉。
> 一切都在那儿。
> 这是唯一的问题。
>
> ——夏尔·波德莱尔

我喜欢感觉到自己处于出色表现的状态，也喜欢看一个处于出色状态的人做事。看这种魔力从他身上散发出来，萦绕着他，好像在欣赏一件艺术作品。我喜欢一个人在出色状态时的那种坚定的目光，还有那种思维和做事的流畅性，一切都随着它们组合完毕，一切都通过它们拼接完成，可以感觉到这个人正在使一切变得容易。这是一场"令人着魔"和"不可思议"的演出，我用的这两个词都关乎本意：关乎魔法，与理性不大有关系。如果我们懂得识别出色表现，我们就不会把出色表现直观地对应向日葵教授，而是能玩转万物的梅林法师。我或许不该用"玩转"这个词，让人感觉好像不靠谱一样。出色表现就是抓重点，是更为靠谱的，而理性在某些时刻才不靠谱呢！

事实上，单单一个理性思维就能把出色表现者赶出这个世界，因为我们的生活环境完全与作为智慧最佳层级的出色表现背道而驰。出色表现严格要求我们周围环境与让我们活跃起来的因素建立深度联通，因此，它需要我们与自我的无意识紧密联系在一起。这种紧密的联系如同一个行动的指南针，比最新一代的所有商业产品都管用。出色表现者表现出的是一种快速的思维，凭直觉将所有的相关因素联系起来。这是一种高水平的自动化思维，因为它会对大脑下指令，而后让大脑指挥行动。就像进入了催眠状态，出色表现者能接受在一段时间内失去那种思想和行动的自主感，而这段时间对他来说其实也是相当珍贵的。

因此，上升至出色状态需要经过两个思维活动阶段。第一个阶段就是循环探索并吸收所有必要的因素，以掌握有待解决的问题。这是一个思考阶段，需要认真地做题、自我训练、接受考验，在某个试验场地测试自己的理论是否完备。

> 有一天我会去理论星球上生活，
> 因为在理论上一切都行得通。
>
> ——皮埃尔·戴斯普劳杰

我们或许会设想这是一个对一切都一丝不苟、面面俱到的阶段，其实并不是这样的。因为，这个阶段确实是一个比较慢的准备和思考阶段，而当我们需要深挖一个主题时，这种思考在大多数情况下会显得非常线性化，非常具有逻辑推论的特点。但尽管如此，我们主要还是凭直觉去吸纳周围的信息。实际上是去探索、倾听、感受时代的气息，像孩子们用唾液把食指沾湿，然后伸出去，感受风从哪里来。一个出色表现者在各个方向360度地捕捉和吸收信息，嗅出自己团队的气味，沉浸在此处和别处发生的一切之中。他甚至能给自己制作一些卡片，写出来或在脑海中形成，卡片上总结了循环探索过程中的每一次经历，以及每一次经历后吸取的教训。这一步用的完全是排除法。他归纳各种概念，做出一个假设，放弃另一个假设，开辟多条探索之路，评估每一条路的优缺点。所以说，他的出色表现是建立在自己的心理灵活性之上的，正是这种灵活性使他可以很快且不带任何情绪地放弃一种或另一种发展道路，以实现他的计划，哪怕他之前已付出很多，哪怕他对此寄予了诸多希望。

出色表现者所掌握的一种本领就是可以快速决策并坚决执行。他不浪费时间，不犹豫不决，他对自己的决定充满信心。当处于出色状态时，他与时间的关系都会跟他在其他智慧状态中不一样。在这里，时间是一种稀物珍品，因而思维活动是一直向前的，没有来回与反复。即使几次暂停也是为了检查——虽然会有几个阶段性检查报告，但从来不会不合时宜地进行验证。

倘若我觉得自己有的是时间去做这件事，并对此深信不疑，

那恐怕我就再也不会想方设法竭尽全力做些什么了。

——安德烈·纪德

第一阶段更多的属于成熟期，而不完全是思考期。一个出色表现者在行动之前并不会都待在桌前苦思冥想。他表现出一种强烈的需求，要在行动"启动"前嗅一嗅环境的味道。在思维方面，这一阶段或许也可以根据不同的角度定性为"半自动型"或"半思考型"。这是一个混合型思维阶段，出色表现者既启用了理性思维主导的预科班级别的系统2，也在交由大脑处理过往经历，即在其间建立联系时启用了系统1。任何一个人在出色状态的前一个阶段都会感觉到，在自己身上、在幕后有一个思维机组，以实现最优化处理为目的。设计的机组建得非常好，这个机组已经上足了油，我们即将决定放手。做这个决定时我们的自我意识有可能多一点，也有可能少一点，但绝对是坚决的。在第一个阶段中，自主性还是很明显的，因为需要自己动身去寻找那些信息和时代气息。也可以说它是一个被动—主动混合阶段，因为吸收信息需要主动。

为最终实现出色表现而经历的第二个阶段，即达成阶段，到了一个自动驾驶的行动时刻，或者说几近自动驾驶的时刻。这里，一种绝对的信心给了大脑所做的无意识的处理工作。只有"下指令"这一道操作是有意识的，甚至有时是来自潜意识的，下指令的那一刻就是我们将自己的愿望告诉系统1的那一刻。当我们启动机组，按下按钮，指令就准确地下达，且以图像的形式展现出来。通常，出色表现者可以完美地将其目标视觉化，在脑子里就能看到行动的全过程，虽看不到细节，但能清楚地看到每一步。让我们举一个例子，想象一个我们在自己最喜欢的餐馆里点菜的画面。一个处于出色状态的人，在他点菜的那一刻，他就看到了忙碌的厨师，看到他的助手把做好的菜传给服务员，服务员将其端上了桌。他甚至会感觉到美味佳肴的香味一直飘到自己这儿来，然而这时菜并没有开始做。在这一刻，也就是视觉化点菜的这一刻，每一道工序都在他脑子里得到了认可，在细节上他信任餐馆的专业人员，不去计较服务员下单给厨房的速度。他或许会有特殊的要求（把菜单上的配酱换成别的），在菜品的构成、食材配料和调味方面信任厨师，相信大厨有能力指挥团队行动，还相信服务员能面带微笑完美自如地一下把好几道菜同时端上来……对于所有这些细节，出色表现者完全信任后厨的专业人员，给大脑下指令的视觉化操作只关乎行动展开的关键步骤。

我把我喜欢的东西都放进画里。
没办法，它们只得相互之间自己协调。

——巴勃罗·毕加索

与顾客在餐馆里点自己最喜欢的菜一样,处于出色表现阶段的人会给自己的系统1下一道足够明确的执行指令,以便所有操作正常进行,最后获得预想的结果,但没有交代任何细节。因为,他信任自己的大脑团队,相信它们可以完成任务,他不需要有意识地加以关注。当然,下指令的那一刻终归还是迅速、悄然发生的。如果说它是有意识的,那是完全正确的。但指令一旦下达,系统1团队一接到命令,系统2就处于休息状态了,此时,出色表现者便能以自动驾驶的方式航行在通往目标的浪尖上。

建议

1. 嗅到时代的气息。

● 听当下的歌曲和音乐。歌曲中反复吟唱的部分也很有意义,因为这是当今世界想要循环往复、想要追求的东西。再者,几个人一起听音乐对于集体思维同步性的培养也是有好处的。

● 关注流行时装,关注年度、季度流行趋势。不必跟上潮流,但接受时尚的洗礼也是一件好事。

● 了解流行设计,包括家具和建筑。

● 知晓餐饮趋势,无论是各种产品还是菜品制作方法或摆盘方式。

● 熟悉年轻人的语言和规则,熟悉各年龄层与自己不同的语言和规则,但不一定要使用。

● 熟悉每一代人流行的名字,知道名叫科洛德的和名叫凯文的人不一定有一样的思维方式,名叫凯文的和名叫马特奥的也不一样,也要知道能反映出某些社会阶层的那些名字。还有,在同一代人中,斐萝麦、卢娃娜、玛侬、安吉丽娜和约瑟芬,这些名字代表的社会群体和敏感度很可能是不同的。

● 了解当下知名的人物和流行的电视节目、网络视频、社交网站……

2. 锻炼直觉。

● 时常玩"谁是谁?"或"这是谁?"的游戏,需要猜出对方的职业或猜测对手在多个人物里选择的是哪一个。强迫自己不要去推理,而是以自己能达到的最快速度,即用直觉去猜。

● 与一人或多人一起做下面的练习:闭上眼睛(用绑带蒙住眼睛则更好),双臂伸向前方,手掌向外打开,试着去触碰另一人或其他人的手掌,对方的双臂也是伸向前方的;我们认为对方的手在哪里,就试着以自己能达到的最快速度向那里前进。

● 看电影或电视剧的时候,试着猜想一下结局。

● 跟人打赌，什么都打赌，但要打那种不会让任何人处于危险境地的赌（并非一定拿金钱做赌注）！

● 一有跟未来（无论是最近的还是遥远的）有关的感觉或推论，就记下来，但需要是跟自己没有直接关系的问题。因为，如果这个问题跟你有关，你不仅可能会把恐惧或欲望当作直觉，而且会通过自己对该事物结局的期待，去无意识地对事件过程施加影响。

永远不要把什么当成一个原则问题！

> 能做的人，自己就做了。不能做的人，教导他人。
>
> ——萧伯纳

吸收主要建立在心理灵活性之上，即需要一种开放的心态和一种能力去迎接、同化新事物和差异。这种渗透性和流畅性，并非像我们可能认为的那样是那些容易受他人影响、随风倒的人具有的特质。当我们吸收的时候，我们被环境征服，但这是为了之后能将此特质据为己有，将其与其所带来的其他东西组合在一起，变成新的东西。这里没有僵化，没有对新事物和差异化的抵触。头脑的僵化，显然就是灵活的反面，因此也是吸收的障碍。

你会对我说，在这一阶段，许多出色表现者会对差异表现得无法容忍，且在很多问题上都显得很迟钝，比如他们日常对自己的定位、他们的世界观。但这些人在作出出色表现时却相反，他们对于任何能助其达成目标的东西，对于任何能让他们和自己当下最关心的问题近距离或远距离地联系在一起的东西，都能展现出一种开放的态度。

吸收是特别凭直觉的一步，它的发动机——心理灵活性，就是创造力链条上的一环，它甚至是重要的先决条件之一（这很可能就是出色表现者超级喜欢吸收的原因）。通常，某些人比其他另一些人总体心理灵活性更好，尽管如此，同一个人会在某些情况下展现出很好的心理灵活性，但在另一些情况下表现出的则是一种无尽的僵化感。这就是大家都知道的"原则问题"所导致的情况。从我们将一个要采纳的行为变成一个原则问题的那一刻开始，我们就成了头脑僵化的牺牲品：我们突然转向一个大原则，不分具体情况地用它来解决现存的问题（自我判断），并认为事实也会与自己的判断一致，从而产生内心冲突。而这阻碍了吸收。这一过程很像思维的自动化，但是一种出了故障的自动化，因为它阻碍了吸收，阻碍了进化。它如同一面墙，如同思维灵活性的反面，直接站在对立面阻止我们对于新事物的接受。

当我们身处"原则问题"之中时，我们就站在了以开放的态度迎接新事物（与心理灵活性直接相关）的对立面。出色表现，需要对新事物敞开怀抱，需要毫无成见地重视新的经历或推陈出新的观点。何况有一点已经得到证明，那就是，相比单一的文化主义，出色表现和创造力是与双元文化主义明显相关的。这种两面性带来的流畅性和心理灵活性经评估被确定为出色表现和创造性的决定因素。所以，如此看来，心理灵活性固有的对差异和其他观点所持的开放态度，就是出色表现的一个根基。同理，我们知道，混乱如同适度的噪声，能促使我们产生一种更强的创造力。这使我们联想到，对新事物和不确定性持开放态度可以是出色表现者抗脆弱的一个创造力因子。

所以，出色表现者的兴趣通常是非常广泛的，对知识的细节了解得不太深入，这种有导向的好奇心多数来自出色表现者的极度活跃的能量。思维在各处跳跃、多方向发散，节奏不会变弱，甚至会越来越强。需要注意的是，这种广泛的兴趣，其原动力可不是只为求知的欲望。相反，出色表现者对诸多问题都感兴趣，他们以这种方式本能地为胜利铺路。他们并不清楚自己为什么感兴趣，只是预感这些不同的兴趣可以带他们找到解决问题的另一种方法。因为出色表现阶段大都是凭直觉的。直觉自动地无意识地把一块块拼图组合起来,为的是把解决方案交给意识。这不是一种逻辑缺陷,而是一种突然冒出来的想法,但不是设计出来的。直觉,我们也称之为启发性活动,有着完全符合逻辑的运转机制,在系统1的核心部分发挥作用。

建议

1. 好与坏。

如果有一句话是出色表现者不会说的,那就是"我震惊了"。事实上,没有什么"为了原则而讲的原则"是永远站得住脚的,也没有本身就会得罪人的想法。同样,出色表现者知道好与坏的概念是相对的,并认为它们是通向优秀之路上的羁绊。因为任由自己随了一种极端的态度,就是让自己单枪匹马地去捍卫一种唯一且绝对的真理,也会让自己以一种在思想上被他人冒犯的受害者的姿态展现出来,还会牺牲掉开放和进步以求得自我的满足。最后,还会建立起一种形式的思想独裁,无益于创造性的产生,也不会为最后的胜利做什么贡献。换言之,我们若是从那种不可置疑的公认的原则出发,认为存在所谓的好与坏,也就是绝对且永恒不变的规则,那我们就什么也改变不了。要想有出色表现,需要感觉到自己处于不稳定的平衡之中且要力图达到某种稳定,至少是暂时性的。从一个稳定且绝对的预先假设出发,是一种与出色表现背道而驰的心态。

敢,就是一时脚踩不到底。
不敢,就是迷失自我。

——索伦·克尔凯郭尔

所以,为了有出色表现,最好这么做:
- 永远不要断言他人冒犯了自己或坚定地假设一种人人都要遵守的唯一理念,如"你说的话很冒犯人!""这令人无法接受!""你不能说这种话!""我不允许你这样对我说话!""你的价值观令人作呕!"……
- 偏向于选择一种开放的态度,不评判价值观,可以说这样的话:"有意思,你还能再跟我多说说吗?""这个想法看起来对你很重要……""当你说这话时,我不确定听懂了……""你能给我解释一下你说的是什么意思吗?"

使用一些交流技巧(常用于谈判和催眠),如镜像法和标签法,可以让我们很好地进行思维的条件反射训练,以达到出色表现。这两种技巧非常简单,大部分的出色表现者都会自然而然地用上这两种技巧,只是自己没有意识到罢了。

镜像法是一种动作协同，即与他人做同样的事，需要巧妙地模仿他人的行为：重复他的动作，与他同呼吸，把他最后说的话重复一遍并加上疑问的语气。这看起来好像不能对交流起到促进作用，但有人说"我很高兴"时，用这种简单的略带疑问的重复"高兴？"或"你很高兴？"，就能让对方进一步展开交流，因此交流的质量高于使用标签法时的情况。标签法，是一种共感技巧，也就是当对方说出一个想法、一个观点、一段描述、一段回忆时，把他显示出来的情绪直接说出来。在使用标签法时，我们总是以一种不肯定的语气开头，如"看起来好像……"或"我感觉……"。举个用标签法交流的例子：

——"堵车堵了三个小时，我上班迟到了！"
——"看起来你好像生气了？"
——"是啊，因为我受不了那种感觉……"

简单地把自己对他人情绪的感觉说出来，不去断言，也不去加以评说，可以让对方进一步展开交流，让交流的全过程不出意外，双方互相信任。因为，我们不要忘了，出色表现首先是一种舞蹈，一种与环境的共感。即便不是所有的出色表现者都用这种共感的方式与人交流，但自己在这方面多加练习也会让它成为一种让自己思想开放的不可忽视的力量，而思想开放又是出色表现的必要条件。

2. 学习一门或几门外语。

学外语时，我们会通过一种不一样的思维条件反射练习使大脑进入开放的状态。从一种语言到另一种语言，我们锻炼自身的思维灵活性，并投入到开发自身新素质的活动中去。此外，用一种外语做的决定，认知偏误会少一些，因此所做的决定更加明智，这一点已经得到了证实。在其他可以让自己充实起来的认知刺激中，听欢快而有节奏感的音乐对于培养发散性思维，也就是培养心理灵活性，是首选的方式。

3. 海盗与绅士。

在大多数情况下，我们不容易看到身边的机遇。一个机遇，是一扇解了锁的门，是自己给自己的一种可能性。但也是一种不易察觉的可能性。不得不说，人生总体而言并无古怪离奇之事，但它的发展、演变、剧变、陷阱都是没有预告的。而在人类的交流互动中，同样也没有用张贴告示或敲锣打鼓这些显而易见的方式去通知大家即将有危险来临，各种机遇也不是在喧嚣中发现的。它们就如同很多隐秘的宝藏，要心怀热忱地去搜寻。

这种搜寻，需要通过一直不停地观望进行。任何一次互动，哪怕是最无足轻重的，最终都可能是一次机遇。童话故事里向年轻姑娘求助的那个丑陋的老太婆，可能会是你人生道路上一位神通广大的善良仙女、一位贵人、一位引路人。为什么不搜寻呢？或许，积累多次这样的经历也不会给你带来什么直接的好处；或许，你甚至时常感觉自己在浪费时间。如果是这样，那说明需要调整一下你对事物的看法，以便从每一次经历中都能吸取经验。以后，随着时间的推移和经验的积累，你的嗅觉会更敏锐。于是，就会比之前容易感觉到哪些经历能使自己得到提升，哪些经历会给自己带来干扰。但必须一直具备充足的精力，一个出色表现者其精神状态有多像绅士，也就有多像海盗。

没有仇恨

> 哀叹一次不幸，
> 就是招致再一次不幸最可靠的办法。
>
> ——威廉·莎士比亚

懂得遗忘，也就是懂得转而去做下一步该做的事，这样才能前进。出色表现者有一项基本能力，那就是在其活动领域里能将精力集中在主要的事情上，且只集中在主要的事情上，不会被其他事情干扰。在认知层面，就是转入"自动驾驶"状态，方法一经吸收就会被抛至脑后。因为模拟思维就建立在一种联想机制之上，这种机制是直奔目标的，不会重新回到之前的状态中去。这里所说的遗忘，并不是指遗忘对所做事情背景的记忆，而只是对于方法和批评的一种遗忘，甚至是一种拒绝。因为，记忆有意识也好，无意识也罢，都是模拟思维的核心：大脑录用过往经历，为的是将其与目前的经历做对比，以便快速做出决定，比通过权衡利弊的理性做法而产生决定要快。因为，我们大多数人都倾向于把注意力一直集中在对事件的记忆上，把这种记忆当作护身符，通过强化或抑制记忆来证明一个行为曾经存在过。

> 知之为知之，不知为不知，是知也。
>
> ——孔子

对于背叛的记忆，于是就可以成为不信任的关键因素；上个月一次上网截击，却惨遭对手的穿越球的攻击，今天不再碰运气的想法就会更加强烈；有了一次不幸的感情经历，就再也不想恋爱了……然而，在保有的或追回的记忆里进行选择，选择的结果给我们提供的信息，其中更多的是关于一个人选择用什么样的方式去感知人生及进行自我认知，而不是关于某一个事实，一个似乎在告诉我们没有人值得信赖的事实；好像网球运动中所有的上网截击都会不可救药地导致失分；又或者，好像所有的爱情都是不幸的。我们的意识每储存、筛选出一段回忆，就必然有另外几十段回忆留在了记忆最深处，而它们很可能是好的经历，也值得信赖。因为，重新回到意识中的记忆并不是偶然的，它们基本符合我们对事实和自身的看法，而要把它们调动起来，只能通过承认我们的认知空间对事实的组建作用来实现。

我们的认知甚至时常会由于受到我们内外生态系统的影响而产生虚假记忆或扭曲记忆。而出色表现者则好像常常把对事情的记忆定性为能锻炼人的、有建设性的经历，无论当时遭遇了多少痛苦。换句话说，一次不好的经历通常会在人心中留下一段不好的回忆，而在出色表现者的心里这段经历常会被赋予一种教育意义，这样就更易于接受。所以我们看到，在出色表现者的心里，所有的经历、所有的信息都会为达成目标助力。

在大自然的轮回中，无胜无败唯有动。

——保罗·科埃略

对于每一段经历，出色表现者都会进行衡量，看它能带来什么进步，对目标达成有什么用处。从这一观点出发，就不存在什么绝对不好的经历了。其实，经历并没有好坏之分。它要么富有教育意义，必要时给人以启示；要么就教育意义弱一些，在这种情况下，出色表现者对于回忆，没有像对珍稀古迹那般流连忘返。因为出色表现者更愿意翻篇，而不是耗费精力去证明自己的痛苦是合理的。在这种情况下，没有仇恨的容身之地，除非它是一种动力，一种催生动力的工具。在争端爆发的情况下，仇恨往往能促使人产生创举，走上出色表现之路。但在风风火火的行动阶段，它很快就被遗忘。那些没能进行到底的创举或错误的决定也一样：当事情不值得继续去做时，出色表现者好像本能地就会知道。

罗伯特-万森·朱尔和让-雷翁·博沃瓦写了一本很有趣的书，其中就描写了一个人在晚上等公交车的时候认知动力起作用的情景。等了二十分钟后，车还是没来，那人便想叫出租车，因为可能错过了最后一辆公交车。但他最终还是把叫出租车的想法搁置一边，因为要是一离开公交站车就来了，那未免太可惜了⋯⋯于是，每过去一分钟，他就在这种两难的境地里陷得更深：他继续等，但无时无刻不在后悔，可已经无法重新选择了。在我们偶尔做出错误决定时，这种机制就会启动：当我们明白刚刚做出的很可能不是正确的决定时，通常还是会待在原地，不想否认自己，抑或是在行进过程中缺乏转向灵活性。而出色表现者，与我们大多数人相反，他们要实现目标的时候，会调动一种心理灵活性，成功地堵住内心自我的嘴。他们能快速而不带任何情绪地结束认知的眩晕，以避免陷入高乃依式的悲剧选择之中。他们还能做到不往回看，懂得遗忘，知道要去做下一步的事。他们的恒心负责记忆，心理灵活性负责遗忘。

建议：重组记忆

- 尽可能地找到有积极意义的回忆。
- 对于那些带有消极意义的回忆，要学会给它们赋予另一种结局（也就是好的结局）或另一种解释。当一个孩子做了噩梦，和他一起回顾并给这场梦一个不同的结局或不同的解释，往往能起到修复作用：那个丑恶的巫婆最后变得很善良，还道了歉；孩子在黑暗中迷了路，但他没有被吓晕，也没有哭泣，而是发现自己完全可以在黑暗中自由穿梭，甚至还能乐在其中。

无论是孩子还是成人，我们每个人都可以用同样的方式处理不好的回忆。因为，我们的大脑不怎么能区分真实经历过的事件和想象出来的事件。一项研究表明，对于身体上的真实痛感和通过催眠或想象出来的痛感，大脑的反应是一样的。换言之，想象一次行动和真的去开展一次行动，对于大脑来说，几乎具有相同的意义。这就给我们所选择的去回忆经历的方式赋予了一种不可估量的力量。

启动：创造力

> 可以自创动词吗？我想给你说一个：
> 我把你送到天空上去，于是我张开翅膀，巨大的翅膀，为了爱你无边。
>
> ——弗里达·卡罗

有了创造力并不意味着总能有出色表现，但出色表现总能激发起一个人的创造力。创造力，是一种能力，是运用自己的想象力找到新的或不那么容易找到的解决办法，从而开辟道路，以少生多。出色表现不仅激发创造力，还可以更快速、更稳定地启动创造机制。

任何一个人都拥有创造力。一些人时常能表现出来，另一些人则不能。由极度活跃的能量和持续向前的运动为支撑的出色表现，能更早地激发创造力，使我们能更快地做出行动的决定。因此,这大大缩减了探索和决定去行动的间隔时间。我们可以想想,什么是出色表现者创造精神的基础?与此相对应的意识状态又是怎样的?当然,要想有出色表现,总是需要做大量的工作。有时,是一种像蚂蚁一样未雨绸缪的工作,但这并不是最重要的,我们之前讲过。为了了解出色表现运用的是哪种意识,首先需要明白什么是意识,同时要能区分不同的意识类型。

选择性意识

> 我们所处的这个世界和我们所认为的自己所处的世界有着很大的区别。
>
> ——纳西姆·尼古拉斯·塔勒布

当意识被导向一个确定的目标,当它专注于需要完成的任务时,它只启用关联性最大的那些信息来完成任务,而把所有其他信息、所有非优先考虑的因素统统搁置一边。这就是一种选择性意识,它直接导向任务,无论是有理有据的对话、在学校学习、战略分析还是制订计划。这种意识很勤劳,且消耗巨大的能量。它在神经生理方面的支撑是执行网络,执行网络的发动机是背外侧前额叶皮层。当我们计划、预想、后退观察、做出决定的时候，这一网络基本处于值守状态。于是，我们的意识就是一个脚踏实地的助手，像福尔摩斯一般拿着放大镜去观察蛛丝马迹，甚至在后退观察的情况下，与研究对象的距离也在逐步缩短。

这种选择性意识同样是小步前进的意识，也是阶段性意识。大脑工作时是分段进行的，这是为了更好地理解，为了组织设计，甚至为了交流。这种意识模式需要一定的控制力和强大的抑制力。比如说，你在家里找一个东西，尽管是在一个非常熟悉的环境里，你的思维却必须完全导向找那个东西的任务上。为此，思维会相当自然地在你简单的决定之下，就开启一种屏蔽机制，一种过滤器，来阻止各种来自内部或外部因素的干扰，以便使注意力持续地集中在目标上，这就是抑制力。和所有与选择性意识有关的程序一样，抑制力主要调动的是前额叶皮层。这是一个强大而有保护性的机制，某些人是没有的，尤其是那些有注意力缺陷综合征或冲动症的人。相反，还有一些人，他们表现出一种天生过度的抑制力，就像那些我们印象中好像没有任何情绪的、很难跟着感觉走的人。事实上，这种情绪上的冷静并不意味着他们没有情绪，而是情绪被抑制机制弱化了，给选择性意识让道，以使注意力保持集中。

因此，选择性意识就像一扇小小的窗户，连接真实的外部世界和内心世界。这扇小窗还自带有色滤镜。如果无意识认知决定我们要把世界涂成蓝色的，那它的滤镜就是蓝色的；如果选择把生活涂成粉色的，那滤镜就是粉色的。无论如何，应该把一扇朝向世界的窗户看成一种向外界的开放，一种对外界的接触，这在很大程度上总比没有接触要好。航空领域有两种雷达：一种是全局扫描雷达，探测整个天空；另一种是定点扫描雷达，只关注飞机降落点周围的情况。选择性意识就像定点扫描雷达，把我们与现实的距离拉到最近，但还保持着一定的间隔。是我们的大脑让我们能够欣赏环境。如果没有能让我们实现观察和欣赏的脑部装备，眼前一片绝佳的落日美景又有何用呢？

关于培养高度选择性意识的建议

当我说到出色表现时，当我解释说它要跟着直觉走，忘掉事物的细节和运作机制时，有人会说："要是这么说的话，想成为出色表现者，就不要思考，也不要勤奋学习了？！"当然不，出色表现者可不是脑白质被切除的人，对什么都没有自己的看法。他们甚至经常很好地启用他们的大脑去思考，只不过清除了很多认知偏误，而让看法显得很精练。但他们的思考在很大程度上更有整体性，而且他们尤其懂得在必要时把思考放在一边，那就是在出色表现的时候。此外，即便是在出色表现时，仍然是选择性意识来发号施令。所以，培养高度选择性意识是一件很重要的事。我们可以这样做：

● 锻炼自己安排时间的能力，安排自己的周计划、月计划和年计划，越细致越好。

● 阅读文章并加以分析。

● 使用番茄工作法。这是一个可以在学习、分析或做各种产出类工作时使用的方法。以25分钟为一个阶段，在这25分钟内注意力需要高度集中，用计时器（比如，我们以前在厨房里常用的那种经典的番茄计时器）计时。每两个阶段之间休息5分钟；每四个阶段结束后，休息时间增加到20到25分钟。

● 做一些锻炼专注力的游戏，如找词游戏，在一片字母云里找出一些词，或玩"查理在哪儿"的游戏，等等。

云只在我需要它们的时候出现。

——卢西安·弗洛伊德

分散性意识

如果说选择性意识是一位能缩减我们意识场的智者，

专门处于警戒值守状态，那么还有另外一种形式的意识，它日夜处于活跃状态，无论我们的警戒级别是多少，我们的情绪状态如何，我们看世界的态度又是怎样的（我们嗜思的程度）。这种形式的意识是我们重要的值班员。我们在忙很多重要的事情时，它始终与我们的环境保持联系。它去搜寻来自我们内心晴雨表的各种信息，以确保一切正常，确保我们一直都是严阵以待的。

这种分散性的意识就是对来自我们内心世界或外部世界的经历进行几乎实时的评估和抓取的一流设备，它如果觉得某些经历非常有用，就会交给选择性意识。比如说，你现在正在一个联谊会的活动现场。在嘈杂的人声、悦耳的音乐和宾客来来往往的背景下，你的选择性意识集中在那个有你参与的乐趣横生的对话中。两位宾客在你身旁坐下交谈已有30分钟，但奇怪的是，你能很清楚地听到他们在说话，却听不见他们在说什么。然后，突然一个词——"神经科学"把你吸引了过去（我忘了说，你是一位神经科学方面的专家或对这方面特别感兴趣），而你的意识也从当时说得正带劲的对话中抽离出来，转移到了他们的对话中去，而在原先的对话中，意识已完全切换成值守模式。

这就是分散性意识，如果说你是一个火车站的话，那分散性意识就是站长，它会把你的注意力转移到另一个目标上。支撑这种脑力活动的大脑网络区域专盯着凸显出来引人注目的东西。它主要会把脑岛和背侧扣带皮层的前部，还有小脑扁桃体及整个奖励体系，甚至丘脑都调动起来。所有这些区域，它们所连成的这一整个网络，给了属于我们的功能——分散性意识，感知身边一切和感知自身（内感受）的能力，甚至连我们自己都没有意识到（正如《弋尔玛太太》中揭示的那样）这一点。此外，这还给了分散性意识确保我们安全的能力，它24小时持续处于值守状态（伟大的值守者），选择并分发它认为有用的信息，使其进入（选择性）意识的范畴。因此，分散性意识看起来就像是一种无意识的意识。

能让我们具有更多分散性意识的建议

分散性意识确确实实是出色表现者的一个拿手绝活，因为它保证了与周围世界的无意识连接。我们或许会对自己说，鉴于它是无意识的，我们就没法练习。这一认识并不准确：我们能练习呼吸，就能练习分散性意识，因为呼吸通常是无意识的，所以我们也可以学着培养自己的分散性意识。

● 在专注于一项任务的同时，专注于自身感官所接收到的来自四面八方的信息，每天几分钟。从对周围事物进行环视开始，让所有目光触及的东西进入自己的意识，由近及远。然后，以同样的方式继续启用听觉、嗅觉、触觉和味觉，同时将所有感知到的东西进行分解，从最明显的到最微妙的。很明显，难就难在要一直专注于原有的任务，同时还要提升自己对周围环境的意识。

● 每天，从一碰面就开始就努力感知他人的情绪，努力看出能体现其内心状态的蛛丝马迹。

● 与一个团队接触时，从一开始就练习感受这个团队的情绪氛围。还要习惯于对该团队下面的各个小团队进行快速评估，找出自己可以在情绪上和谐共处的小团队，也找出一看就不可能合得来的小团队。

内在意识

内在意识是另一个管家，负责管理我们和我们自己之间的关系。当我们"在自己的思想里"时，就是内在意识在起作用。它是一种心理定位，在这种定位中，我们倾听自己，思想漫游，在某些感兴趣的点上停下来，然后继续漫游。我们的大脑又开始与其他思想、其他过往经历建立连接，想些可能会出现的其他情况，想些在平行维度上的问题，并提出疑问："如果不是这样，那会发生什么？""如果我人生中的一个逗号变了，那是不是整个人生都变了？"

于是，大脑不仅将过去、现在和将来联系起来，也将它们与先将来时[1]和条件式[2]联系起来。在内在意识里，一切皆有可能，因为它是想象力及想象产物的王国。当开车遇到拥堵时，我们可以任由思想驰骋在柔和日光下那绿油油、软绵绵的草地上。处于内在意识状态时，内心的现实就表现得比环境中所有可能发生的事要更多、更强烈、更鲜活。这是内省时刻。在这一时刻，我们回归自我，将自己投射到其他多种现实或投射到想象中的未来。这是所有可能的维度、别样的维度，在这个维度里，我们经常发现自己就是那位有着千千万万个故事的主人公。

内在意识，是获得解放的系统1的时空，是无拘无束的流畅性思考的时空。任何想法，无论多古怪、多不连贯，或与自身价值观多么不相符，都是可以接受的。各种情绪也有很大的发言权，它们与过去的记忆挂上钩，回到现实时就不合时宜了。要是用外来眼光看内在意识，按照想法出现的顺序，好像一切都没有逻辑。然而，当我们处在内在意识状态时，当我们顺着自己思想的那条线走下去，逻辑就看起来很明显了，联想也显得很自然，昨天、今天甚至明天的各种类别的记忆、想法和感觉之间的联系

---

[1] 先将来时是法语语法中一个时态，用来表示在将来某一时刻已经完成的动作。——译者注
[2] 条件式是法语语法中的一个语式，一般用来表示委婉的语气。——译者注

也都不可否认了。当然,我们的思路时而会断线,有时会被即刻闯入的现实重新找回来,有时会因我们快速而丰富的环形思维再度续上。

内在意识中的我们处于与自己距离最近的状态,在这种意义上,内在意识中展开的思考与梦中、催眠过程中或某些形式的冥想过程中的思考近似。有些人还将其称为"被改变的意识状态",这里说的"改变"是相对于平时处于值守状态的意识而言的。催眠治疗师弗朗索瓦·鲁斯唐甚至把它叫作"自相矛盾的值守",与之相伴的,是那种对于每一种感觉和每一种情绪的感知都比平时要更强烈、更敏锐的感觉,鲁斯唐把这种感觉命名为"初感知"。在内在意识状态中,游戏规则完全不同。我们在现实中,但同时又不在现实中。我们在此刻,但又不是现实生活中的此刻,我们也同时在昨天和明天。思维逻辑不再是原来的思维逻辑,不是第一小点、第二小点、第三小点的逻辑,而是漫天随想。这也是一种能创作、旋转并往各个方向发散的思维,它迅速,不停,或很少会停下来。然而,很奇怪,我们自己和内在意识相互接触时,会伴随着思维发散、想法多如泉涌的状态。这种接触看起来既最能让人舒缓下来得到休息,又是最多产的,因为它生发出的那些想法有时带着太多的灵感光环。我们走进了相对性的世界。

每一种思考只相对于另外一种思考而存在，并产生价值。绝对性在这个内心世界是没有位置的。在内在意识状态下，活跃的大脑网络区域主要是默认模式网络区域，它对应的是一种休息状态和联想思考。它主要调动了内侧前额叶皮层、前扣带皮层、海马回和角回。

关于能让自己更好地处于自我中心的建议

要想有出色表现，就需要以不同的程度强有力地调动起内在意识。首先，因为内在意识有利于与自我联系起来，有利于了解自身需求和欲望。其次，因为与内在意识重新建立连接的那一部分自我就是与外在自我不同的那一部分自我。内在意识状态中的我们，可以是魔术师，也可以是国王，这不会构成什么现实的问题。我们也可以想象一些完全是稀奇古怪的、似乎永远不会在理性的选择意识状态下出现的解决方案，而不同于外在这一部分自我，尤其是出色表现阶段时的自我。为了锻炼内在意识，我们可以这么做：

- 练习冥想、瑜伽、自我催眠、身心动态放松法或其他任何一种可以让自己与内心世界建立联系的方法。
- 每天多次任由自己的思想漫游，不力图对其加以控制。
- 通过阅读或咨询专业人士，熟悉有关个人发展的知识，为的是能更好地倾听和了解自己。

● 时常玩一些锻炼发散性思维的游戏。比如，用四种基本形状（一条直线、一个圆圈、一个正方形和一个三角形）尽可能快地画出一系列图形。或者，也可以玩另外一种游戏：用笔把点连成线，画出一个盒子，并尽可能快地走出盒子，整个过程中不能抬笔。

三种意识是如何相处的？

这三种意识以及支持它们的大脑网络区域呈现出一种相当典型的组织形态。通常，执行网络作为选择性意识的神经生理基质，呈现出一种主导性的活动，与支持内在意识的默认模式网络反相。换言之，我们观察到执行网络和默认模式网络的大脑活动是交替主导的。也就是说，要么一个人提出要开展一项活动，自愿构思想法，该任务需要更多地启用认知方面的能力，因为是建立在系统2基础上的，在这种情况下，主要是大脑的执行网络在工作（选择性意识）；要么，这个人系统1的思维更加自由，任由联想性的思维带着他走，在这种情况下，主要就是大脑的默认模式网络在工作（内在意识）。从一个网络跳至另一个网络，就由凸显网络（分散性意识）来执行其火车站站长的职责，它会将意识状态导向最适宜的模式。

全然觉知

> 爱，就是行动。
>
> ——维克多·雨果

执行网络和默认模式网络看起来好像不能在神经生理的日常中并存，很难想象思维可以在同一时刻既处于休息状态、漫无目的地四处游荡，又处于满负荷运转、集中在一个目标上。然而，看起来至少有一种状态能让休息网络和高强度的认知活动网络完美并存，那就是创造力萌生的状态。当我们在做一项创造性的工作时，这三个网络同时被调动起来，这进一步肯定了创造性思维模式。那些具有更强的发散性思维、对新事物更具开放心态、心理灵活性更强的人（出色表现者就属于这种类型），或许能有那种让选择意识、分散性意识和内在意识三者手拉着手协调一致，而不是处于相互对立的神经生理的特质。

因此，默认模式网络，远非这种情况下最大限度调动起来的网络，或许是通过心理模拟和在追忆过往经历的过程中所运用的灵活自发的组合机制，从而为想法的萌生做出贡献。凸显网络，它的职责或许是采集关联性最大的那些想法，也就是默认模式网络产生的很可能有用的信息，为的是将其传送给额顶执行网络，这一网络只会在对某些想法进行零散的分析、拟定或复盘时才会被调动起来。所以，执行网络（系统2）看起来好像可以跟默认模式网络产生的想法进行互动，给它设定出色表现的要求，设定目标。换句话说，执行网络很可能就是"命令的发布者"。于是，对具体目标的坚持，或许就可以有利于创造力的产生，这是通过对自发意识进行指导和约束来实现的。支撑起选择性意识的执行网络，在这里或许并不是采取抑制外来干扰集中意识的经典方式，而是通过催化来自默认模式网络的创造性生产力的方式。因此，创造性的绝佳出色表现或许就与一种低级别的抑制作用有关。换言之，一个人越是能把自己的注意力集中在分析过程中的一个刺激上，或许他的大脑就越难获得去发挥创造力的原由。

然而，出色表现者特别有创造力，我们可以因此认为他们处于全然觉知的状态。在进入出色表现前的最后一个阶段，选择性意识、分散性意识和内在意识这三个层面之间的协同合作似乎达到了顶峰，达到了可以发挥独一无二的创造力的那种最佳状态。我们或许可以将这种运转模式比作信息技术领域中的多核程序。多核处理器不是按照程序一步接一步地操作且每次只处理一个指令，而是有好几个核心，每个核心都可以独立处理一个不同的指令。同一个处理器的所有核心同时运转，于是这种系统比多个一步一步操作的单核处理器加在一起还要强大得多。出色表现强大的行动力很可能来自这种认知上的同步运转模式。因为，在出色表现过程中，对自动化思维的重视和意识程序的协同合作增强了每个单项能力，所有的单项能力都会因此而实现超越。

> 找到了。
> 什么？
> 永恒。那是和太阳一起走的海。

——阿尔蒂尔·兰波

关于培养多核意识的建议

- 在一天的每一个时刻，都感觉自己属于一个更大的生态系统，体验到自己与身边生命世界中的每一个元素相连、相契合，感觉到自己与大局相连，如同宏大网络中的一环。

● 改善自己的自我感受，可以通过锻炼自己的平衡力（在不稳定的平面上，单脚站立、行走、小步跳、单脚站立摇摆）或练习一项滑行类运动来实现。

● 试着从"无"到"有"去创造各种各样的东西：把一根棒子变成一个工具，把一个形状变成一幅画；坚持不懈地尽力赋予初看并无意义的事物以意义，或赋予某一事物一个区别于一般标准或与其惯常的用途不一样的意义。换句话说，就是把一些乍一看并无明显联系的元素组合拼搭在一起，做成一个新颖独特的作品：创作的过程就是将单独存在时没有意义的零散元素集中在一起组成一个整体，这个整体于是顿时有了意义。因为一个出色表现者就是一个组构者，他对零散的元素进行组构。而如果单单是理性思维的话，只会进行解构。

两个极端：排斥理性和只接受理性。

——布莱兹·帕斯卡尔

这样想，会很好（2）……

出色表现者的历程

范妮·尼斯博姆

他赢了

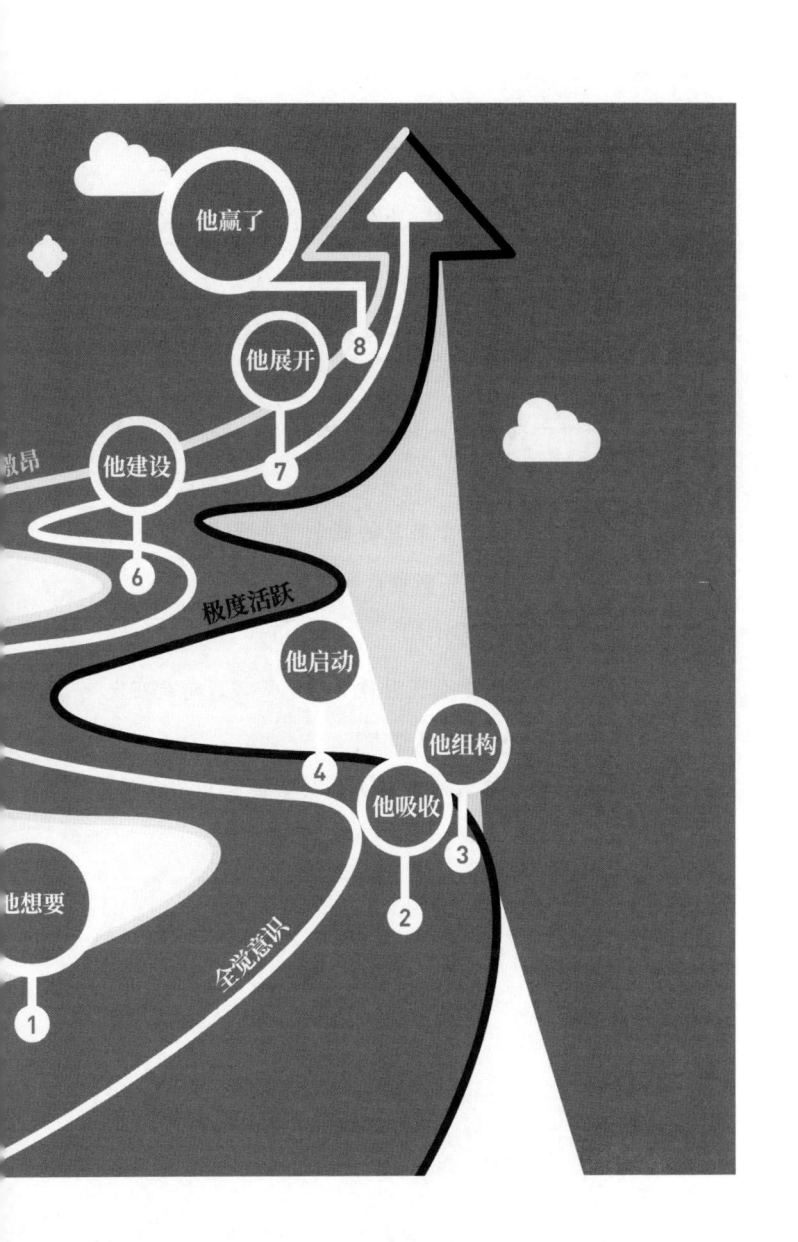

他展开 8

激昂

他建设 7

6

极度活跃

他启动

他组构

他吸收 3

2

他想要

全党意识

1

我的猫很有智慧

——哦,是吗,为什么?它在猫的国度里是常胜将军吗?

——不是,因为它出去自己溜达好几个小时,还能找到回家的路。

——我也是,这我也会啊……那我很有智慧喽?!

如今,人们把智慧的概念用在很多不同的情况下,但这些都不能被称为智慧……

如果你想说……

——这个小女孩对什么都感兴趣,总是在发问!她是……嗜思认知者!

——他是有智慧的人。他总能给出好建议。

他……很在行，很明智！

——她很有智慧。她懂得与他人换位思考。她……善解人意，能与人共感。

——他很有智慧。他什么都会修，还发明了一些令人不可思议的东西！他……心灵手巧！

——萝斯很有智慧。她总是能找到解决办法！她很……机灵。

——这个年轻人很有智慧。他的推理总是那么清晰正确，他……一语中的，判断力强。

——她很有智慧。她对于什么领域都懂很多！她很……有学问，有文化。

——维克多很有智慧。他辩思敏捷得不可思议，还很风趣！他……机敏诙谐，很幽默。

至于那只猫嘛，它……天生……方位感很强！

结语

伟大的思想只是说给审慎稳重的人听的，
但伟大的行动是说给全人类听的。

——西奥多·罗斯福

智慧，最高程度的智慧，由此看来并不是我们长久以来所想的那样。首先，我们将其与能力混淆在一起。其次，当我们不将其分解来看，不认为它具有多重性时，我们就只认为人类的一种单项能力——推理能力就理所应当地可以代表智慧。此外，我们还将其与出色表现完全脱开关系，把出色表现完全视为另一种现象，一种同样也是分成不同类型的现象，并分别对其进行研究。

读完这本书后，我们就会明白，智慧是一个独一无二的程序，它能使人的各种能力在生态系统中进入同频共振的状态，而生态系统又会把这些能力彰显出来。出色表现是智慧的最高层级，人的能力通过一种迈向永恒的行动而得到颂扬。

> 这一生要好好过，要能让自己渴望重生，
>
> 这是义务，因为无论如何你都会重生的，永恒也是。
>
> ——弗里德里希·尼采

因而，此书正是一曲颂歌，写给那些我们平常总会"憎恶"的人，他们是成功者，而我们不知道他们为

什么成功。他们不一定比别人长得好看,不一定比别人强壮,不一定比别人机灵,但他们能创造一次又一次的胜利,吸引着世人的目光。他们想反复创造那些优雅十足、魅力四射的时刻,以便能够铸就永恒,他们只是在这一点上不实现目标决不罢休。

我们会觉得他们走运,一次,两次……十次。而后,或许通过这些文字,我们就会懂得,我们的意识不明白事件的逻辑并不代表这个逻辑本身不存在。而治愈人类因自恋而遭受的第三次创伤的一剂良方,或许就是重新发现意识并不真实存在。我们每时每刻的各种行动都完全是无意识的,从日常购物时做的小决定到改变人生轨迹的大决定。出色表现者就是无意识之王。

> 人类曾经以为自己是宇宙的中心,是创造之王,是自己精神生活的主人。后来发现原来自己住在一个微不足道的小星球上,发现自己原来只是生物进化的偶然产物,还因为弗洛伊德发现了自己那些最

私密的经历发生的原因是逃离在意识之外的。

——雷昂·切尔托克

自恋创伤就是明白了有智慧的人是那些感受、闻嗅各种元素并与其和谐一致的人,是那些把黏土变成沃土的人,无论他们赢得的是思想派还是行动派阵营的支持。需要时间去接受这一现实,才能最终在和谐共振中、在速度中、在情绪自治和全觉意识中看到智慧。还需要时间去接受这样一个观点:有智慧的人更多的是那些善于遗忘的人而不是善于记忆的人。

通过观察和倾听这些善于遗忘的人,我们现在知道如何踩着他们的脚印去打造自己的人生。出色表现者把我们往高处拽,但也会让我们产生己不如人的内疚感。所以,有时我们会责怪他们。但他们确实是最能为智态争光添彩的,无人能比。

每个人在自己的暗夜之中都走向光亮之处。

——维克多·雨果

# 第二部分

懒惰的头脑

做你自己吧，其他的角色都已经有人选了。

——奥斯卡·王尔德

诺贝尔经济学奖获得者心理学家丹尼尔·卡内曼用"懒惰的头脑"一词指代那些过于顺随直觉、不启用系统2的人。这些人懒得进行理性思考，有着懒于去做算法的脑袋。总之，就是那些拒绝集中精力思考在一种情况下所有确实可触知因素的人，是那些不怎么衡量利更不怎么衡量弊的人。在一个崇尚笛卡尔主义的社会，一如我们法国，系统1启发性的、经验论的、凭直觉的思想是大趋势……但并没有好名声。这一悖论可以解释得通：我们喜欢告诉自己我们是有直觉的，如同一种神奇的力量，但当我们想要表现出自己的认真严肃，展示出心中的权威典范，做出"成人"的决定时，直觉是我们给出的最后一个理由，也是我们最后启用的一张王牌，这时，我们不能完全将其遗忘，理想思维就占了上风。

然而……

你接下来看到的那些出色表现者的形象，于我而言，正是走出理性的细节让自己的直觉潜力开足马力时方能造就的卓越表现的完美诠释。那他们是"懒惰的头脑"吗？你去看看，当然不是。相反，他们做事的时候往往比我们大多数人更拼。只是他们在出色表现时不会用理性或推理的方式去思考。倘若他们思考的方式与你我都一样，这本书的意义又何在？

然而，他们有时是"学术上的懒惰者"，这一点是真的。因为他们不想把时间花在细节上，不想一点一点细致入微地去分析解构。他们若有一种想法，给自己定的任务就是要把这种想法很好地实现，立刻马上……细节问题会恰到好处地交由身边的人具体处理。这并不是说他们要求不高，某些人甚至还用完美主义者来形容他们。但要知道，在出色表现的那一刻，所有的细节问题早已解决。而他们所做的，就是把起飞的自由留给自己。

最初开始写这些人物的时候，我是想根据每一个采访记录写一篇简短的文字，至多一页纸，我会摘选每位采访对象说的话并对其进行诠释，也就是"出色表现的心理分析"。但是，随着采访的不断深入，我常常对自己说，他们说的原话很有力，内容很丰富，我什么都不想落下。我觉得那些故事本身就会说话，我不合时宜地插进去，可能不会有任何帮助，只会带来不必要的噪声。他们用的词能更好地见证出色表现的"实地"经历。

让我们被他们带着走吧！他们很特别，那是当然。所有人都经受过历练，就像我们常说的那样。所有人都是我们可以看得到的人物，他们受到了所处环境的认可。所有人都带着胜利的光环，名列榜单。但或许在阅读的过程中你有时会想："他把自己当成谁了？"或"他还挺离谱的"……如果你在本书中有这样的体会，那是因为他们身上带有一种非典型性。他们特殊的地方，就是在自己的领域有出色的表现。他们每个人都是独一无二的，但人格特性、政治敏感性、与他人的关系、社会阶层、观点看法、经历，抑或是年龄，差别都很大。但他们都具备出色表现者必有的三点：全身心融入环境中，行动迅速，用一种绝无仅有的思想自主和情绪自治来为其行动提供支持。

就让他们闯入你的视线吧！他们对我们说的话里有一种慷慨，一种坦诚。所有人都揭开了自己思维方式的神秘面纱，不会让你感到"没劲儿"。你在他们身上找不到那些公式化的东西，如："我做的一切，都是为了别人好"或"来自他人的爱对成功来说很重要"，或"我能走到这一步，纯属偶然"，又或者是"成功的人通常是碾压他人的那些人。我不是这样。我之所以成功，只是因为运气好"。

请不要批判他们的好胜心——那种想要比别人行动更快的欲望，那种想要比你我更好的内心需求。你要明白，他们心里有一种隐秘的对死亡的恐慌，如果说这种感觉不是一直都有，也是时常有之，即便他们自己没有这般感受。又或者说，他们心里的那种感受是一种非凡的生命力量，其实和对死亡的恐慌也是一回事。于是，通过追求出色表现来给自己解闷是很自然、很健康的回应方式，如同帕斯卡说到死亡的恐怖那般。

让我印象深刻的，是这些人的独立性，他们中的许多人很早就具备的独立性。他们既融入身边的环境又在思想上与其脱钩，这就让他们获得了很大的自由。或许因为没有一开始就被环境同化，是出色表现让他们融入了环境，而不是反过来由于融入环境而产生出色表现。他们属于非典型人群，这使其或多或少成为边缘人，所以他们切实地去融入。我们由此看到，他们完全不怕一切归零、从头再来。没有人想着要保管好自己已经获得的一切，只为捍卫那份安全感，因为他们的安全感来自内心。不是因为出色表现者没有焦虑或不安的经历,而是因为他们有信心,这种最根本的自信,让他们无论发生什么,心里都会有办法去面对。如同一种自给自足的潜能,一种超能力的潜能。

出色表现者是实干家,命运掌握在自己的手中,他们不太相信或不相信成功是偶然的。然而,无论他们有多大胆,有多爱行动,在出色表现时每个人都会感觉到自己很被动,觉得一切都是自动进行的,不由他们活跃的意志所决定的,因为他们已经让预感来为自己领航了。就这样，每个人都会提到他们放弃细节只顾重点，追求持续处于最佳状态，不相信有什么是不可能的，还会提到出色表现的那股心流。

娱乐。
人类无法治愈死亡、不幸和无知，
于是突然想到，要想让自己开心，就不要去想这些。

——布莱士·帕斯卡

出色表现的大师

埃马纽埃尔·皮埃拉

"优化安排,是另一种方式的冥想。"
[于2020年4月9日10时疫情"禁足"期间远程采访]

官方个人简历:
律师、作家、艺术收藏家、政治家、
博物馆馆长、图书馆馆长、文学代理人、
法国笔会主席、国际笔会和平委员会主席

我在他身上看到的是:
热爱公正、公平、美、流畅性和实用性

出色表现的沃土

我在巴黎郊区庞坦市的一户寻常百姓家长大。父亲没有通过高中毕业会考。他参了军,出于军事上的原因坐过牢,后来获得赦免,再接着就做了警察。但他很想在事业上有所建树,因为他热爱工作,喜欢超越自我,后来创立了好几家公司,建了几个野生动物园。他每天晚上只睡5个小时。此外,他还崇尚卓越,要做到最好,这种想法甚至让他在家里做起了后勤。他经常做饭,每天早上都出去买橙子,为了让我们的早餐里能有新鲜的橙汁和可颂。60岁的时候,他还活蹦乱跳,还去古巴玩跳伞。对于他来说,一切从来都不是学来的,工作是一种基本价值观。我15岁时,他觉得我到了工作的年纪,在暑假里把我送到工厂做流水线上的工人。"我们先从最基础的事做起",他这么对我说。这完全是有道理的。

母亲的角色,相比之下较为被动,但她和父亲一样,对我的成长有着很大的影响。她在内克尔的实验室里工作,没有高中毕业证的她事事都随着父亲。对我来说,她一直都是一个很好的倾听者。从我很小的时候起,每当她问我想要什么礼物时,我都回答:"书。"后来她就给我在图书馆办了卡。6岁的时候，教母送了我一本七星诗社的作品。11岁时，母亲给我买了《世界报》。要升初中时，老师和校长在我父母的同意下想办法让我进了巴黎的孔多塞中学，那是很有名的一所学校。我住到了一位热忱的共产党员家里，这给了我无边的自由。我纹了身，打了耳孔。但对我父母来说，这都不重要，因为我当时学习成绩还是很好的。

> 对于他们来说，我变了，他们不懂我，但一直陪伴着我。

父亲起初不想让我做律师，在他眼中，律师就是背信弃义者的职业。尽管我们在这一问题上发生过口角，但他从来没有阻挠过我。于是，我在去工厂做工人的同时，开始了第一年的法学专业的学习。后来父亲在生意上上了别人的当，我们没钱了。有一天，我去一位同学家，他们特别富有，家族从事农产食品加工业。他是一个大家族的继承人，我第一次因社会经济文化背景的差异而感到震撼。他家里有雕塑，有书，有画……相对我们庞坦的家来说，简直是天壤之别。

出色表现的日常

我在一天中做很多不同的事。我先进入准备状态,也就是计划怎么安排时间。我需要合理安排一整天所有的时间,我和我的团队开优化工作会议。优化就是找出我们反复做的那些无用的事,那贯彻咖啡店服务生的经典理念:不能从露天咖啡座托着个空盘回来。我把这条原则用在所有的事情上,寻找最经济最有效的行动。

如果我能在做这件事的同时做别的,那我就完全充实了。这很完美。

早上,我在家里待很久,因为有一系列的事情需要安排,我要优化一整天的工作。如果我安排得不好,做什么都会浪费时间。我7点把时间表发给秘书,10点到办公室时,她已经整理好了时间表并提出意见,说我的15个想法不太妥当,因为要把我的日程安排做到最好。做到最好的秘密就在计划里,为的是实际操作时不会出现意外。一有想法我就会建一个新的文件夹,对自己说这是我要做的。

我不喜欢放弃，也不喜欢浪费，我做什么都会遵循这个原则。

光盘行动，清空冰箱。同样，我也不会浪费工作的时间。在这种精神的指引下，我合理规划自己的睡眠。我很细心地获取关于睡眠基本要素的科学信息。于是，我每晚只安排一个睡眠周期，我的闹铃在2个小时15分钟后就会响起。我们开始采访前，我在处理律师事务所营销事宜的同时看了一个关于非洲艺术的纪录片，并快速做完了好多别的事。我看纪录片的同时，也在写一本书，但我仍然能分神看纪录片。每天早上做操，否则我知道我会付出代价的。做操的同时，我背诵法国大东方会的仪式书，为的是熟记于心，到举行仪式时使用。在某种程度上说，这就是冥想，只是方式不同。正常情况下，我一周游两次泳，为了缓解腰背酸痛，也为了在身体上保持出色状态。但这让我觉得无聊，因为在脑力方面没有挑战，令人沮丧。于是，我大段大段地背诵文学作品，为的是能在辩护时用上。我强行让自己记住，每周背两次，每次一个小时。

这是用浪费时间的方式去赢得时间。

满满当当的一早上过去了，就好像一整天过去了一样。我10点到办公室，挎包里装满了东西，基本上是文件夹和各种报纸，《回声报》《费加罗报》《世界报》……其实，我也可以在线阅读，网上什么都有，还能让我轻装上阵。但我就是喜欢把所有的东西都垒在一起堆在桌旁，还要有一张待办清单。上午10点钟我开始会面之前，已经花了好几个小时的时间统筹安排了。

我很早就下班回家，不喜欢城里的晚餐。人们喝酒聊天时说的话并不会闪现智慧的光芒，我宁愿在晚上9点半时就跟女主人说"10点我就要离席了"。参加上流社会的晚宴时，我也是这样。如果有人能机智巧妙地与我对话，我就会感觉到畅快淋漓。但一旦变得有点儿没条理、不顺畅的话，我就告辞了。收集到了一些印象中有趣的东西时，我就离开并将其写进小说里。晚上10点半，我动笔写科幻小说。我应该有17本书同时在写，该写哪一本，我会在列表里找。至于阅读，早上的时间给人文科学、历史和艺术史。我尤其会重读以前读过的关于艺术的书籍。午夜时分，就看文学，现在在看尼日利亚文学，有英文的，也有法文的。我很喜欢科学，但对物理提不起兴趣。我认为有些东西不重要，不需要了解。物理、化学，在我看来，一无是处。我女儿跟我说她物理、化学考了17分，但这对我来说并不重要。重要的是文学、历史……烹饪的话，我完全没兴趣。

> 我喜欢万物的灵魂，而不是它们发展的过程。

知道想法是怎么来的，我不感兴趣，但我会安排时间进行思考。白天，我会做一些很完整的列表，我安排自己的一切事情。

我讨厌有人在开会前没有进行思考。开会，是各种想法展现的时候。我想要一种最佳的工作方法，为此，我进行了大量的阅读。比如，为了研究组织安排的方法，我阅读了一百万种资料。

> 我感兴趣的，不是数学，而是数学家是如何思考的；也就是说数学是怎么产生的。

为了做好律师事务所的组织工作，我开始关注公路运输管理。我把关于这个主题的所有图书该看的都看了。这个人是怎么安排好15辆卡车的业务的，这跟我们律师事务所组织工作的性质最为接近。于是，我就把所有要点都记下来。

我不会让什么从指缝间溜走。

疫情禁足期间,我一天走15000步。因为步行很没意思,我就看路牌,了解一下我这个区所有的路名。我了解了几百条路,我也不知道了解路名的目的是什么。也许在我作为候选人参加市政选举时能用上,或者写作时可以用。

我很少放弃某个想法。

我做任何事,都会从中获取某些东西。就算我放弃了某个想法,也会从中获取些什么。我们总会走错路。两年前,许多同行都说要搞《数据保护基本条例》,那时我已经是《信息与自由》栏目的撰稿人了。于是,我研究了这个问题,我对自己说或许他们有道理。我和团队一起努力研究,最后发现这没有市场、不赚钱,而且我个人觉得从智慧的角度来看没有什么意思。最终我决定叫停,但我写了10篇文章发表在专业杂志上,也以此为该主题做了几场讲座,解释为什么它没有市场。

出色表现的动力

对于文学或历史,我并没有对某一个特定的主题激情澎湃。我感兴趣的是它能带来什么。我酷爱非洲艺术,但我宁可我的女儿们打碎一件非洲艺术品也不愿她们打断自己的一条腿。艺术、书籍、画作,所有这些只是起到承载撑托的作用,它们只是图像,人看着能对其进行思考罢了。我对一百种事物有"激情"。我记得在一次采访中,有人说科克托什么都爱做,好像他跟许多事物都有关,他回答道:"不,其实是许多事物都跟我有关。"我对许多事物感兴趣,所有这些都能给我带来些什么。书就是些纸罢了。我很喜欢早上去律师事务所,因为去那里会遇到很多人与人之间发生的事,这些事又能衍生出十万种不同的可能性。我的工作很精彩,真的,一切都很精彩。我觉得一切都是非同寻常的。我很有好奇心,我认为好奇心是最重要的。

> 最让我感兴趣的,是我与另一个人之间的思想传递。

我的书,或者说我所做的一切,我对自己说要让它们派上用场，否则还不如捐给博物馆。它们就好像是一种遗嘱，我希望能传递一些有智慧的东西。其实，我并没有激情，而是好奇，我急切地想知道所有这一切是否能传递下去，或者它们能带来些什么，能教会人们什么。我不是教会学校毕业的，而是国家公办学校毕业的。我童年时代的那些老师，还有一位图书管理员的敬业精神给了我很强烈的触动。那位图书管理员在我6岁时曾经借给我一些书，于是，长大后的我就有了创建公立博物馆和图书馆的想法，为的是向公众开放，向他们展示馆中的文物和书。

出色表现时

有些时日……

其实，这是一步一步来的。出色表现的状态跟一系列的事情有关。我那种跟着感觉走的方式会产生连锁反应。

> 有时我觉得自己很惬意且这种感觉一直延续，
>
> 当我处于这种精神状态时，出色表现通常会持续。

有时，我觉得自己很慢，但我不迷信。出问题了，有障碍了，那就去找解决办法，就一整天去跨越那些障碍。像什么问题也没有一样，我就等着这一切发生。

> 遇到障碍时，我感觉到兴奋。我对自己说："太好了，又来了一个挑战，我会成功的。"

我什么都不会放弃。如果我要写一本书，那就立刻制定计划。有太多的人对我说："我真的好想写小说啊，但……"我总是这样回答："要么你着手去做，我会给你方法，要么你就永远也不要做。每天都得写，如果你能写成，且作品质量高的话，我会帮你的。"

在出色表现阶段，一件件事是自然串联起来的。我不相信命运。当我处于一种行动状态时，我是被一种目的带走的，在这种目的下，一切都很和谐。

我不是沉思者。我思考，但我一直都在行动中。

闲来无事的时候，有人找我，我就去。一连办三四场开幕式，外加艺术品收藏活动，时间上是一个叠加一个，虽然并不是完全错开，但也不会造成绝对的冲突。处理这些事情时都是自动的，就像一个齿轮系统，很流畅，自动进行，进展得很快，且处于和谐状态。

和谐与流畅。

和宇宙对话的人

梅拉妮·阿斯特蕾斯

"甚至一个'不'字,也不是真的'不'。"
[于2020年5月22日17时疫情禁足期间远程采访]

官方个人简历:
飞行员、教官、6次获得法国空中特技飞行大赛冠军,
英国空中特技飞行大赛冠军、航线飞行员、讲座主讲人、咨询师

我看到她:
掌握了诸神与神龙的秘密

出色表现的沃土

我出生于英格兰一个名叫拉格比的城市。妈妈是法国人，是一名秘书；爸爸是英格兰人，是数学老师，后来他去了法国，在酒吧做服务生，还是装饰画家。父亲曾经是高水平的橄榄球运动员。我3岁时，全家人搬到了法国的蓝色海岸，离摩纳哥不远，我就是在那儿长大的。在家里，父亲在的时候我们说英语，他不在时就说法语。

我父母在我心中种下了无限追求出色表现的种子。满分20分，哪怕我考了19分，都不够好。事实上，我从来就没有足够好过。母亲倒总是在支持我，如今，她很喜欢我做的一切。父母在我15岁时离了婚，那时我们之间由于缺乏交流，关系非常紧张。这也不是什么悲剧，就是气氛不是很愉悦。后来我才明白，其实幸福的家庭是有的。或许哥哥和我现在还是单身并不是偶然。有时我还是会想这些，我快38岁了，但还没有成功地让自己感情、事业双丰收。我还有好多梦想要实现。就像在法航，为了别的东西，牺牲自己想要的。理想的人选，恐怕是一个能跟随我的男人，但我看没多少人愿意这么做。

我要是想做成一件事，就能做成。

做不成的时候,也是因为我不想做成。

我从6岁时起就爱上了飞机。我认为与两个因素有关:第一个因素是我父亲带我去参加一个航空会议时,我坐在一架歼击机里,那时我感觉到一个全新的征程开启了;第二个因素是电影《魔域仙踪》——一个被同伴纠缠的小男孩躲到阁楼上翻开了一本有魔力的书,这本书让他能够骑在幸运龙菲克的身上极速漫游,就好像这个世界里还有一个次级世界。

> 有一天,我对自己说,我也想有一条自己的龙,想要它带我飞起来,遨游全世界。

初中阶段,我有一些学习天赋,但未经历练。妈妈想要我有出色表现,所以把我送到了摩纳哥。但那里的教学水平太高了,我还没学会如何去学习。我交了白卷,期末总成绩惨不忍睹。我一到摩纳哥,就说自己有飞行的梦想。而我撞了墙:想做一名飞行员,科学成绩好才行,而我达不到要求。尤其是我来自一个普通家庭,一小时的飞行费用都不可能付得起,更别说实现这个梦想了。我心中的榜样是卡洛琳·艾高,空军战斗机大队里的第一位歼击机女飞行员。但我父亲认为,我去不了军队。

我过去看不懂这个世界,这个要我生活在这儿却又不能实现梦想的世界。

在学校里失去了学习目标,我成了一个糟糕透顶的少年。高一学了社会经济学,准备毕业会考时报考酒店管理专业,但高二我又选择了文学。我失去了方向,高三只上了三个星期,18岁辍了学。我坚持不下去了。听说我要走,教育顾问对我说:

"你知道自己犯了人生中最大的错误吗?"

于是,我不顾父母的意见,去了一家加油站工作。在那儿,我做收银工作,服务顾客、盘存、做账……主管看我干得不错,很器重我。很快,他就委我以重任,让我去管理鲁昂的一家加油站,一个四人团队。19岁,我终于能自立了,但我很快就发现干活拿工资和上学一样,都不适合我。21岁时,我被派到里昂附近的布朗市去管理一家加油站,加油站就在机场边上。我每天都能看到飞机,我去机场问能否学习飞行。那时,我既没钱也没能力。

但那时，我和宇宙是连通的。

我很幸运地遇到了一个愿意给我上第一节飞行课的人。上课前，我很怕自己会不喜欢，但课后感觉很棒，那种感觉比想象的还要强烈。之前，我对自己的前途有些迷茫（现在还会这样），觉得自己并没有潜力。可那次课后，人家说我超级有天分。我遇到了一些很不一般的人。于是，我按小时支付飞行的费用，天天吃意面，住在一个15平方米的小公寓里。我想着："3欧元等于多飞1分钟……"一年后，我就拿到了私人飞行证书。

坚持不懈能变得顽强执着。
我变得执着了。

我在网上浏览如何成为职业飞行员的相关信息，白天也看，晚上也看。首先，得有高中毕业证书。我之前上了函授课程（通过邮递讲义的方式进行），在加油站工作时，一个顾客走了下一个顾客还没来时，我就复习讲义，就这样获得了同等文凭（公立大学准入文凭）。其次，需要参加一个飞行员培训，费用是10万欧元。我经过三次申请，终于获得了Fongecif在职培训管理基金的支持，用了四年的时间取得了职业飞行员证书……拿到证书的那天正好是我的生日，2008年5月30日。但那时正值2008年金融危机，航空公司几乎有10年都没招人了。为了积累飞行时间，我就去做志愿者，我做了滑翔机的牵引工作，在航空俱乐部当教员，或在环法自行车赛期间做航拍实时传输。我的生活只能满足最低需求，伙食费不用自己掏。

2009年，我报名参加了国立民航学校的入学考试，想做航线飞行员。对于我这样一个没有高中毕业证的人来说，航线飞行员就是民航的精英。一开始我就被淘汰了，因为他们认为我没有高中毕业证。但我有同等文凭，我得抗争，因为他们没有权利禁止我报考。他们不得不接受，但随即又把我开除了，因为他们认为我精神运动测试不合格。他们建议我不要申诉，但我还是写了一封信，说他们逼着我犯了一个错，因为我是相当灵活敏捷的人。而事实就是如此，他们弄错了档案。我从完全崩溃一下子转为欣喜若狂……最后，我以第一名的优异成绩毕业。于是，我留校任教。但2015年年底，我抛开一切，去参加红牛特技飞行世界锦标赛。就像人们说的那样，我从桥上跳下来却没带降落伞，我安排好了自己的降落过程。我请了假，停薪留职，这让我能够有机会出去为自己第一个也是最心仪的专业在一起特技飞行获取资助。

为了做出最高水平的出色表现，
也需要满足于一些小小的胜利，
我就这样为我的龙获得了资助。

要想成功，就要跳出舒适圈。但冒险会让人付出很大代价。在生活中，我跟随自己的热情做事，这种做法让我付出了很多代价。这样的生活已经差不多有五年了。世界上很少有人能以特技飞行为生，而我将其视为一种华丽的成功。停薪留职期间，2017年，法航联系到了我，让我去参加飞行员测试。于是，那个没有高中文学分科会考文凭的姑娘成了200座空客的飞行员。但在法航我感觉自己好像做了两份工作，筋疲力尽。培训强度非常大，我感觉把自己的梦想都丢到一边了。所有人都说我走到这一步很幸运但那一段时期对我来说是非常痛苦的。于是，我对自己说：闭上眼睛，在脑子里思考两条路。

1. 过法航航线飞行员的生活；
2. 过梅拉妮自己的生活——特技飞行，与大众分享。做讲座，启发他人。

我凭冲动做出了选择，立刻就成了唯一支持自己决定的那个人。

有些亲友说我这么做太傻了。我还能听到他们心里的声音:"梅拉妮又冲动了。"如果我只是为了钱,为了追求稳定,我就会留下来。

但生活,是更加鲜活闪亮的东西。

所以我离开了法航,但在6个月后他们就宣布红牛大赛暂停。于是,我向自己发起了挑战,去世界各地表演飞行秀。我3月15号收到了崭新的飞机,16号却因疫情禁足了。在这时,我更需要体现出韧性,永远都不要放弃。

出色表现的日常

胆大能赢。

我从来都看不见问题。问题就像是挑战,虽然门关上了,我还是能尽量让自己开心起来,因为我很开心能从窗户进去。甚至一个"不"字,也不是真的"不",促使我去消化、去领会。我需要把很多时间留给自己,我知道总会在什么时候,我脑子里的那些东西就能连起来,然后就听嘎哒一声,主意来了。我要是火急火燎的,就解决不了问题。要敢于请求，把自己的需求说出来。我有一种树状思维，到了一定的时候，我就能把所有的想法串起来，但需要等到那个时候。

  需要串起来，串起来的时候，就闪耀起来了，不可分离了。

我不知道怎么解释。一切都需要达到共生状态才可以。一旦所有的想法都串起来了，我就会灵光一闪。凭直觉，很直观。比如，我不能做笔记。我知道大家都觉得不做笔记不好，但我做笔记时脑子就不转了。除非我记下来的是自己脑子里想的东西。我写字的时候就像是在画画。

催眠疗法帮到了我，我进入催眠状态的时候，就能超越自己了。于是，在飞行过程中，我试着去记住的唯一东西，就是那种非同寻常的催眠状态。那种状态很容易消失，就像我们做增肌训练时的感受一样。积极的心态需要在日常生活中培养。

  如果我与太多有负能量的人或说话太消极的人经常往来，

我会在脑子里把他们的话改一改，以中和那种消极感，

因为我想那样会堵住宇宙的能量。

如果我们认为一切都会进展得不顺利，那就真的会进展得不顺利。催眠让我明白，大脑会做我们让它做的事。我提到自己的时候，常常用第三人称，因为这样我可以从外部观察自己。如果我与人发生了冲突，这样做就会让我站在观察者的立场看问题。以前，在比赛中遇到个人问题或健康问题的时候，我往往会派另一个梅拉妮跟场上的那个梅拉妮沟通。

我常常问自己为什么这么乐于受刺激。我发觉受刺激的时刻是大脑不会胡思乱想的唯一时刻。

脑子想不动了。
当它不想的时候，自由就诞生了。

我们不再有限制，不再害怕。我们越能让大脑走出它的舒适圈，就越容易也越能做到在下落的时候给自己准备降落伞。摆脱舒适圈，就像跨越一个虚拟的边境。跨过去的时候，就会意识到其实没那么可怕。是恐惧支配了我

们。当我做出了别人不会做的决定时,我想这不是他们的错,是他们害怕。而我,不怕。一旦胆子大起来,我就能做成一些事,并且对自己说我可以再做成一百次。

> 要始终提前酝酿梦想,
> 因为这些梦想实现的速度能比我们想象得还要快。

从前,我有一份梦想清单,其实我以为那就是我毕生所有的梦想了,而现在那些梦想基本都已实现。我需要定期更换计划,不能只关注飞行表现,需要先想一想自己要成为什么样的人,当然目的还是要变得更加出色。我现在的价值观是看重脚下的路,不再奔向目的地。我害怕焦虑,我专注于当下。甚至在大太阳底下做波比运动(俯卧撑和原地跳起两个动作快速交替)时,我也只享受当下。

出色表现时

我不再将自己看作时常取得伟大成就的人。然而,在那股心流的助力下，我开始能够更经常地获得成功。在出色表现的状态下，我经历过飞行的那股心流，一次飞行时间是18分钟。这并不容易，因为不知道接下来会发生什么。

其实，不再是我驾驶着飞机。
一切都自行其事。

徜徉在那股心流中时，有一种非常奇特的感觉。情绪和感受跟一见钟情时一样，会有轻微的颤抖，肾上腺素飙升。这种感觉特别好，很强烈，就像定格在那儿了，就好像我从外面看自己一样。不能说这是爱情……但，为什么不呢？那是一种非常积极的情感，是兴奋，是幸福，是爱。

令人陶醉的荣耀时刻并不能持续很久。
当我已经能证明什么的时候，就转而做接下来的事了。

掌握时间

弗朗西斯·库尔吉安

当我寻找的时候,我就好像位于宇宙的中心,两脚触及地面,有几千只手臂伸向各方。

[于2020年5月8日16时疫情禁足期间远程采访]

个人简历:

弗朗西斯·库尔吉安香水品牌联合创始人、调香师,
弗朗索瓦·科蒂调香师大奖获得者、艺术与文学骑士

我在他身上看到的是:
优雅与卓越

出色表现的沃土

我是家族里出生在法国郊区的第二代亚美尼亚后裔。我是在共和国体制下成长起来的,从小就受到唯才主义的影响,没有阶层观念。有时,社会会让我们丧失这些标准。

我认为我是父母一代和外祖父母一代坎坷的结晶。父亲没能像自己希望的那样上学念书,母亲是家庭妇女并乐在其中。她从未感觉到自己很弱,因为无论何时她都觉得自己相当独立自主。父亲自学成才,最后坐到了网络建设信息工程师的职位。这尤其得益于他之前在全法通信网络Minitel的工作经历,他在那儿干了很多活儿。他也曾是电视节目《真相时间》采访直播建设团队的一名成员,还参与过法国国家铁路公司票务系统信息化的建设工作。我父亲这边有一部分家庭成员是音乐界的。大伯尤其出众,他是管风琴家、钢琴家、作曲家,他的妻子是小提琴家。所以我父亲对于艺术有着很高的鉴赏力,也萌生了好奇心。此外,我的家人也很热爱天文学。我一直都认为我们对科学和艺术这两方面的爱好是从父亲那里继承来的。母亲在思想文化上较为偏向享乐主义。她总是很清楚地知道自己能做什么、不能做什么。外祖母对我的人生产生了非同寻常的影响，她出生于奥斯曼帝国时期，通晓多种语言，在15岁时被关进了集中营。尽管她一生遭遇坎坷，但她始终有一种勇往直前的精神。她跟表兄结了婚，为的是能从集中营走出来到法国去。她听广播学会了法语，听雅克·尚塞尔主持的节目，如《广播透视》《一千法郎游戏》。她也看巴黎印刷出版的用亚美尼亚语写的新闻报纸。

我就是在这样的价值标准下成长起来的。我们家人还有的是做缝纫和手工活的。我外祖父是男装裁缝，做丝质的衣服，还做吸烟装。母亲就是跟他学的缝纫。从前，女性要么有自己的私人裁缝，要么自己缝制衣服。那个时代，高级时装业定下流行基调；紧接着，裁缝店纷纷效仿，自己会做衣服的可以在某些女性杂志上找到图样。我母亲就有这方面的技能。她经常给自己做衣服，也给我们做。因此，我既有父亲身上那种在科学上的严谨，也有艺术品位。我那时注定要做律师，哥哥注定要做医生。做一名律师是父母给我设定的目标，或者说他们认为我至少要做成些什么。我读书的时候成绩优异，所以父母不怎么操心我的学习。他们更多的是操心哥哥和妹妹，他们在学习上有困难。但从高一起，我的成绩一落千丈。我越来越觉得老师就像饭店里传菜的那个小窗口，我对学习不感兴趣了。有一天，我和法语老师发生了口角。她在课上通过"法语"用不同的方式解释莫里哀的作品，而我却觉得原文完全是很容易理解的，我更想让她分析文章，而不是给我们做所谓的"翻译"。拉丁语老师上第一节课的时候就强行要求我们学词汇，我看不出有什么趣味，尤其是要按照字母顺序学，且没有任何当即就让我们感觉很实用的应用型练习，我就更觉得索然无味了。

> 直至今天，我依然受不了学习的时候不明白最终目的是什么
> 或学一些没用的东西。

如果我不肯定或不知道学习的最终目的，那我就会当逃兵，我也知道当了逃兵就无法再去学。我必须明白自己要被带到哪儿去，必须把这条路真真正正地变成自己的路。如果有人强行让我一步一步往前走，而我却不知道这其中的道理，那我就会失败。我需要了解整个路线，所有的步骤，尤其是它们背后的原因。首先必须要明白，明白后还要看是否可以省略某些步骤以便节省时间。如果我明白了，我反而可以很有耐

心。我会因此变得专心用功、勤奋刻苦，甚至追求完美。心理治疗的时候我明白了这一点，于是我改变了自己的职业选择。

> 我稍稍偏离了传统路线，因为我清楚地感觉到自己跟村里人的想法格格不入。

我要么跳进模子里，要么就得去找自己的路。但独自一人从来就是做不了什么大事的。我成功地找到了一些人，他们赞同我在香水业方面的想法及审美。久而久之，我觉得有必要教授调香课。我花了精力去授课，不仅是为了传授一种审美观，也是为了与人分享一种走创意路线的观念。我曾经和一位学员讲到过一些创意路线的可能性，以使他的玫瑰不成为我那朵玫瑰的克隆版："现在，你知道了这些可能的路径。保持警惕就好，不要忘了你配方里用的原料折射出的是你的思想。如果配出来的香水不是你想象的那样，那就是你的错。你没有很好地表达你的思想。"授课，于我而言，也是一种分享的方式，分享我曾经犯过的错，同时也分享自己找到的解决办法或通过与高水平的调香师接触后找到的解决办法。

不存在一种适用于所有玫瑰的真理,但有一种适合你那朵玫瑰的真理。

我发现自己对香水业很感兴趣,是在十三四岁的时候。但我最初的职业梦想,之前最想要做的,是跳古典舞。母亲小的时候没有条件,她非常喜欢舞蹈和歌剧。

我是方里的圆,又或者是圆里的方。

我参加了巴黎歌剧院的选拔,两次初试都成功了,只有10%的人能留下来,也就是只有35个男生能留下来。我有一副好身材,但显然水平达不到要求。那是选拔,不是学业考试,只挑最好的。选拔过程很无情,我在复试阶段惨遭淘汰。一连两年,都在这一步被踢出局。

我原来想,要做就做舞蹈明星,要么就什么也不做。

否则我就会觉得自己像个矮矮的无法出人头地的"灌木丛",这样一点儿意思也没有。古典芭蕾里男舞蹈演员能跳的剧目本来就少得可怜,成为男二号就更提不起我的兴趣。我在家已经是排行老二了，夹在哥哥和妹妹之间。于是，我选择了香水业，一个把科学和艺术联系起来的行业。妹妹收藏香水瓶，我觉得这些瓶子闻起来很香。但我一直将舞蹈作为半个职业，24岁去纽约时才放弃。在那儿，我找不到曾经珍视的法国古典舞的严谨。在那儿，舞蹈是美国式的，更多的是一种运动员式的表演，而不是对优雅动作的艺术追求。因此，14岁时，我就决定要当一名调香师。那时我读初三，开始寻找今后要从事的行业。那个年代，要想了解一些什么可比今天上谷歌要复杂！

  我热爱历史。这对我来说超级重要。
  我热爱，因为我自己没有历史，我是个背井离乡的人。

我一直都在想方设法寻根，我很喜欢研究家谱。或许是因为有一天我意识到自己家族的发展进程中有一种残酷的断裂。我酷爱天文学，酷爱生命的降生……通过咨询调香师这个职业，我知道了香水学校并不是只有格拉斯有，况且他们也不要我，因为我不是那个圈子的。我们说起格拉斯就像说起香水之都，而对我来说，它只不过是香水配料之都。因为我们不该从配料的角度去审视一款香水，而应当从它渲染的情绪氛围去审视，如果我们将其视为一种艺术介质的话。对于音乐来说，需要记住的不是一段音乐的音符，而是它的旋律，它所引发的那些情感。

读高一时，我父母偶然间找到一个联系方式，让我们可以去参观位于凡尔赛且对我来说是法国仅有（也是世界仅有）的一所香水学校。学校的主任说我年纪太小，得先参加高中毕业会考，然后在大学里学化学……我在朱西厄大学校区上化学课真是一场噩梦。那几年曾是我人生中消极绝望的岁月，但我的意念始终没有松懈，最后终于被香水学校录取了。正常情况下，从学校毕业后需要10年才能成为一名优秀的调香师。人们常常说我很走运，这么早就崭露头角了。

> 我不是走运，不是。
> 回过头来看，我意识到是自己很果敢。

出色表现的日常

我做调香师已有25年了。我不喜欢"鼻子"这个称呼，因为少了很多东西……我们不会把作曲家叫作"手"。我整个一生都是建立在一种果敢之上的。我的直觉很灵。我认为我思考的那种方式有助于了解自己能做什么或不能做什么。我觉得我了解自己大部分的能力极限，即便我总试着将其扩展或跳出自己的舒适圈。在香水学校读书时，我不想做一个跟香水业有关的实习，因为如果一切都如我所想，我就会一辈子都做香水了。于是，我选择了去一位香水瓶设计师那里实习。我还想了解一下香水业与新闻界的关系，又做了别的实习工作，学到了一些直至今天依然能用上的东西。总之，让我感兴趣的不是味道，而是通过味道去讲述一个故事。

就好像我的大脑同时分头去找各种信息，让我得以达成目的。

这些实习工作让我找到了一份职业。毕业后，我顺利进入一家香水实验室，参加了一场比赛。这场大赛来得正是时候，我很快就设计出我的第一款香水——裸男，现在依然是高缇耶的畅销香水。通常，需要10年的时间才能精通这一行业，而我设计出裸男香水只花了8个月左右的时间。

我曾经执拗地想要证明我不需要10年就能成为调香师，就好像内心有一种力量助推着我，比理性的力量还要强。

刚刚设计出裸男香水之后，我就被外派到了美国。四年间，我对自己产生了很大的怀疑。我精心准备的所有比赛最后都以失败告终：我很怕自己成为只有一款作品的调香师，的确有人就是这样。于是，我更加投入，加倍努力地工作，同时观察前辈和其他调香师。我发现某些人老了却并没有成熟。20世纪90年代时的我是个年轻小伙儿，对"还是以前的好"这种说法时常产生质疑。首先，我们不在乎"过去"，因为现在是今天，要和当下合拍。其次，哪怕是一位音乐家最重要的事，也不是编写旧曲子。我跟今天的年轻人说要与自己所处的时代共生。我们可以欣赏经典的香水，但需要活在当下，而不是活在对已逝岁月的怀念中。就这样，我感觉自己又回到了25岁，要肩负起一鸣惊人大获成功的任务。别的什么我都不做了。在某种程度上说，我的成功提前了15年。这造成了一种碾压式的累感，几近痛苦。和我一届毕业的同学都是在他们40岁的时候才取得人生的首次成功。

我的人生缩短了15年。这就意味着40岁的时候我就要被放上烤架,要被烤焦了。我得打乱一切计划。

为了绕过这个行业中我不喜欢的因素,我抄了近道,因为一个人是无法改变一个行业的,我绕过了障碍。刚刚跨入2000年的时候,我让香水私人定制实现了与时代接轨的华丽回归,因为我来自一个"定制"家族。接着,我遇到了马可·沙亚,我们一同创建了一家香水商行,以我的名字命名。那时,我意识到了自己的局限性。我一个人成不了事,这一点我很清楚。有创造力的人很少能独自一人创建一家企业,我知道我是有局限的。

出色表现的动力

> 有意思的,是不稳定的平衡,
> 既令人兴奋又让人质疑。

倘若我认为自己要做的事都已做完,就算死亡来敲门,我也不会觉得受到了打扰。我家族的人认为,若是我走了下坡路，就该罢休，但我想像让·德奥梅森或米歇尔·塞尔那样老去。我不是知识分子，我是手艺人，有时如果按对了键就是个艺术家。

现在正在发生的(新冠疫情)相当令人迷惑不解，因为这是一种不可思议、始料未及、彻彻底底的动荡。

> 我对动荡和失衡感兴趣，而不是混乱。

动荡和失衡，是能让我兴奋起来的东西。那些沉睡的稳定的东西会让我觉得索然无味，即便我想要一个稳定的生活。禁足期间，我正准备环游世界。我虽然很喜欢待在家里，但我一旦熟悉了环境，一旦开始了周而复始的生活，就需要不断地变化。我没有耐心，思想极为活跃。然而，在某些行动中我可以表现得超级慢。

> 某些事需要我按程序一步一步来，但在通常情况下，我是个风风火火的人。

母亲用亚美尼亚语里的一个意为"风风火火"的词来形容我。我觉得，做事就要又快又好。不选择，其实也是在做选择。没有完美的解决方案，所以时候到了，就要当机立断。只有当我弄不清楚情况时才会犹豫不决。我也知道有时自己做了错误的决定，但我会承担责任，会去面对。

今天，您来采访我，正值一个特殊时刻，因为我已经开始实施自己为2022年设定的工作计划。这让我忙起来，因为之前的一段时间都在原地打转，感觉自己萎靡不振了，而我其实完全可以等到12月份再开始。但由于现在是禁足期间，我突然感受到一种强烈的抑郁，一种巨大的空虚。这种感觉在禁足的几个星期之后向我袭来，非常突然。我可能需要一个出口。我被禁足了，在家超级舒服，但我又觉得自己无法展望未来，面对的几乎就是一堵墙或一种崩溃的想法。我对自己说："一切都要崩塌了。"我有一种末日的感觉。情况真的非常不好，持续了两三天。后来，我想到了娇兰，他经历过六次战争。我分析他为什么幸存下来，为什么他同时代的竞争对手却没有。因为他那时正在设计一款很棒的产品。所以，我也这么做。

我让自己重新开始创造，为的是重新掌控人生。

我又找回了存在的理由。香水，就是我存在的理由，它又给了我一种活力，让我思考我想设计一款什么样的香水，根据计划在2022年或2023年推出。总而言之，我想要一个故事，一个重生的故事，一个大地回春的故事。

两天前一切都成问题。
在这之前，就是一片巨大的空虚。

出色表现时

我并不是想要掌握一切，而是要明白这其中的机制，明白这到底有什么用。

当我在寻找香水设计灵感的时候，我就好像位于宇宙的中心，两脚触及地面，有几千只手臂伸向各方，就好像我在试着向世界敞开臂膀，去拥抱它、理解它，我有很大的耳朵，"食欲"超级旺盛，疯狂地吸收信息，把有关香水的作品都联系起来。最近一段时间，我把整个希腊神话都吸收了。我不知道会拿它来做什么，但我认为在这里一定能找到想法。我非常喜欢古埃及和古希腊。要寻找灵感，要往前推进，推着自己加快速度。我是个大懒汉，我觉得某件事情有用，才会去做。

  我不理解这种休息状态。
  人感觉无聊了就会休息。

  当我有一款香水要设计的时候，会感到非常抑郁，一种空空如也的状态，就像面对一个无比巨大的、空空如也的水桶蓄水，需要一滴一滴地给它蓄水，直至蓄满，才不会感觉虚无。一段时间后，我就不再对这种虚无的状态感到害怕了，因为经验告诉我，这一切都会变得有意义，我很快就能进行创作了。我总是先给香水取名。接着，我向自己抛出问题："我的香水横空出世后，我闻它时能给我带来什么样的感受？"就好像我在写一本书，先想书名和结尾。香水的名字一旦选好，就可以在成分上下功夫了，要把那些感受真实地体现在小瓶子里。

  到了醉心神迷的那天，也就是我认为终于找到自己想要的香水时，我就停下来。那是一种极大的解放。

  随着新品推出的时间不断临近，一种强烈的不安之感向我袭来：成功会如约而至吗？公众对它的接纳程度如何？然后，接下来的不安就是针对下一款香水的设计：我会有足够的灵感吗？我雄心勃勃地想要创造出名震一个时代的香水、名震整个香水业的香水，就像25岁时给高缇耶设计的那款裸男香水。

出色表现时，我感觉到一种内心的愉悦，一种满足，一种超能力，一种自豪。我的职业，就是要让人愉悦，通过我的作品让人愉悦。我对自己说我总是有能力做成这样的事，总是能有创造力，这么做能让我获得强烈的情感力量。当我感觉到眼下并不是末日，我就会觉得很舒服。如果有一天我对自己说这个世界变化太快，有一天我再也看不明白这时代，再也无法与之产生共鸣，那我宁可早点离开也不愿被人看作废物。

> 当我认为找到了自己想要的东西时，
> 就好像把自己的死期推后了。

为了进入出色状态，需要去看看外面都发生了什么，要看杂志、看电影。我甚至都没有必要亲自去看，有人跟我说就行了。我在德法公共电视台看了一个关于工人界的纪录片，说的是当下发生的事情，虽然与香水毫无关系，但等于让我做了一些历史方面的阅读，能让我在面对一个论题时给出一个完美的答案。

> 我需要弄明白这个社会是怎样运作的,
> 为了与之作伴,为了活在当下。

我9月份将推出一款香水。这款香水一年前就设计出来了,而我已经有了脱离时代的焦虑感。要想成功,需要好品牌、好香水和好时机。我经常把这个比作冲浪:身处浪尖的时候就要抓住浪。在一种很微妙的平衡状态中做好准备,等待好时机的到来。

我曾经太过前卫,设计出来的香水没有取得预想的成功。一款香水需要身处时代,但也要镌刻在时间里,才能铸就经典。尽管我们可以在设计香水时有各种艺术上的想法,但这终究是一种"商业"产品。也就是说,它必须有人用,必须给人带来愉悦。我至多会做一件杰作,但永远都不会做一件艺术品。不该忘记的是,人类打造了香水的历史,香水也为人类的历史立起了标杆。成功的香水一定会让人感受到积极的情绪。但香水不是艺术。康德认为:"艺术是用一种美的方式再现一种事物,而不是再现一种美的事物。"

为了子孙后代

克里斯朵夫·法尔吉耶

"我的内心有种火焰,或者说能量,我害怕眼睁睁地看着它消失,从小就怕。"

[于2020年3月30日15时疫情禁足期间远程采访]

官方个人简历:

宁卡西集团(Ninkasi)联合创始人兼总裁

主营业务:啤酒、汉堡包和音乐,酒吧餐厅、音乐会咖啡馆、

音乐厅,全法21家连锁店,还有啤酒厂和手工烧酒作坊。

我在他身上看到:

超验物:真、善、美

出色表现的沃土

我的祖父和外祖父都是企业家。外祖父在阿尔代什省，他创建了一家专做批灰粉墙业务的公司，做得很好。我更了解祖父。他出生于一个相当贫困的家庭。他不顾他父亲的反对，离开家去阿尔代什省上学，在那里上初中一年级。那时，他只会讲方言，还不会讲法语。他后来去了圣艾蒂安，成了一名思想很前卫的医生。他白手起家，在一个产妇普遍在家生孩子的年代创建了一家私人产科医院，但他总是秉持一种脚踏实地的作风。他能早起做运动、列待办清单，而后坚决执行。他很严谨，很谦逊，很努力。后来，他得了帕金森，长年累月跟病魔作斗争，那种总是能让他生龙活虎的意志让我印象深刻。他经常磕磕碰碰，一碰就出血，但他会做各种尝试，试着和正常人一样生活。

我跟祖父说自己不会像他和我父亲一样当医生，他很难过，但他将自己的实干精神和使梦想成真的能力传给了我。我想我有必要向他证明，我可以用他传授给我的东西以一种不同的方式取得成功。在通往成功的道路上，父母一直陪伴我、帮助我，总是很信任我。他们感觉到了我想要做些什么，渴望做些什么。

> 我从上初中的时候就想创建一家企业，
> 但还不知道想做什么样的企业。

我们家兄弟姐妹七个，我是老大，这给了我责任感和自主性。我最小的妹妹朱莉出生的那年，我已经16岁了。父母说："如果你想上山，就只能自己去了。"那时，我已经参加了一个童子军组织，但完全不是宗教组织，无须父母监护。11岁时，我跟一帮童子军背着背包脚踏自行车离开家，过了两个星期的骑行生活。我父母很快就放心了，并且同意我去追求自己的梦想。这一经历非常有利于增强我的责任感。

> 父母很信任我，对我也产生了期待，不愿让我令他们失望。

他们还投了钱，也就是将一部分家庭财产投进了宁卡西，这更让我感到身上的责任重大。祖父常说："成功从来就不容易。"为了恪守这一信条，我走上了艰苦的征程，现在依然还在走着。要想成功，就得经历考验。我认为自己的雄心壮志，就是想要把所有的潜能发挥出来。

我是意志力方面的高水平竞技者，

这意味着要做出牺牲，要把所有的精力都用来实现梦想……

尤其是那些看起来不可触及的梦想。

出色表现的日常

首先，我需要强烈地感受到自己与环境是联系在一起的，不仅仅是人文环境，还有自然环境，包括其中的所有因素。这是实用主义的做法：为了让自己成功的概率最大化，我需要掌握所有的可参考的因素，并带着一群动力十足、激情澎湃的人跟我一起练习。此外，我还需要在所做之事和人生经历中感受到一种激昂的情绪，我的内心有种火焰，或者说有种能量，我害怕眼睁睁地见它消失，从小就怕。或许就是这团圣火给了我力量，让我敢于梦想并实现梦想。

我很怕有一天停下来，

因为我在所做之事中感受到一种完满，一种绽放。

即便我知道当一切都得停下来的时候我会很痛苦，但我还是会接受自己衰老的事实，也必须让自己去适应。现在，从个人能量的层面上说，我充满兴奋的时刻已经比起初少了很多。意志还是没有变，但激情变了。我记得，在刚刚创建宁卡西的时候，我甚至感觉到自己急不可耐，以至对这种感觉加以控制，因为我认为那是一个弱点。我必须学着管理好自己的情绪。我更加睿智了，且随着时间的推移，变得更加从容。

> 我是一个永不知足的人，
> 心中的梦想实现了，就需要去寻找新的梦想。

追寻梦想的过程是永无止境的，需要耐力，或许会让周围的人感到疲惫。我学着去管控自己与他人的这种差距。我经常跑步，跑步对我的思考很有益处。而且，我发觉跑步与我的职业活动有很多相似之处。跑步和工作时都会让我拥有耐力、顽强、果敢、胆量、无畏。虽然在跑步和工作的过程中需要付出很多的努力，但如果我们对自己所做的事情充满激情，即便过程艰辛，还是会得到快乐，感到满足。跑步时，我觉得时间停滞，完全没有了时间的概念。有时，感觉好像跑了很久，但其实时间很短。跑步让我能深度思考，而这种思考有利于做出决策。这是我的冥想方式，让我捋清复杂的问题头绪，让直觉指引自己，不受干扰。

这种与大自然的联系，我深深地感受到了。

那是神奇的时刻。我记得，今年夏天，有一次我去跑步，跑到了山顶。那天，天气不是很好，天上满是云，阳光只能从云的缝隙间穿出来，但我跑到山顶时，云都散了。我觉得自己好像进入了梦境一般，感觉到一种与一切都和谐的无边的愉悦。是跑完步后身体的放松带来的感觉吗？我不知道。但这的确在我的脑海里留下了深刻的印记，在做事的时候，那次的经历还能帮到我。那是愉悦的时刻、满足的时刻，给自己的付出赋予意义的时刻。这场疫情危机是一次挑战，它给了我，也给了我们很多动力。我们拒绝让自己被病毒打败。这场危机是一次机遇，给了我们机会让我们质疑自己，以自我为中心转起来并加速转变。

直觉无法预计的挑战，考验的就是我们能否从疫情中走出来，且变得更加强大。

我感觉自己始终不断地在发问。我的思维很活跃，时常如此。我醒得很早时,就一定得起来,因为再也睡不着了。我问自己一大堆的问题,我怀疑,我寻找问题的解决办法。我感觉有必要跳出舒适圈,让自己身处危险之中。我不喜欢千篇一律日复一日的生活。我需要挑战,不断地扩大自己的能力极限。就像跑步一样。

绝对幸福的时刻,持续的时间不是很长;如果时间长的话,也是因为我为此努力付出,不断地扩大自己的能力极限而得来的。

想要幸福时刻来得更猛烈,就需要做这种努力。平日里,我很真诚,想什么就说什么。不做两面人,不说两面话。如果做了什么不好的事,我就觉得犹如重负,这并不能让我成为一个更好的人。我也有很大的缺点:做事非常急躁,并缺乏积极的沟通。我要求严苛,这让我把精力集中在需要改进的地方,也使我不太会去认可什么,也不太会去庆祝成功与进步。

> 大家都在庆祝胜利的时候,我已经开始下一场战斗了。

我得贴一些便利贴,提醒自己要对团队成员说些什么或者给他们一些鼓励。鼓励他人,把每一次成功都当作一次机会好好利用，这都不是我天生会做的事。我必须在这方面多练习。同样，我也天生不会去想着感谢。但我认为自己是一个不错的团队训练沟通者。我的雄心壮志是有感染力的，它滋养着我的团队，因为这是一种谦谦君子的雄心壮志，是需要共同协作才能实现的。我觉得企业管理和跑步有很多相通之处：企业管理就是不停地跑，迈出一只脚就等于接受了不平衡。我们必须始终处于运动状态才能保持灵活。二者都是运动。

> 让自己处于运动状态，就是接受不平衡，接受风险。

顺应变化所做的一些疏导工作应当像呼吸一样令人惬意，做事就水到渠成了。我们就不会再问自己那个问题。这种必不可少的不平衡要求我们每半年进行一次复盘，也就是再次审视计划，审视运作机制。我的团队一直这样做，已经成为习惯。甚至一个看起来运作得不错的计划，我们也强迫自己去做一些修改。打破了工作的单调乏味，打破了习惯，给团队再次注入动力。我不喜欢大家坚持一成不变的日常，一直做习惯做的事。要想灵活，必须始终不断地变化，通过连续的小幅改动来实现。那些突然爆发且来势汹汹的变化从来就不会使团队得到锻炼，它们只会摧毁和谐。什么都不拥有一成不变的既得利益，需要始终不断地提出问题。需要复盘，以免失误。要有一种思维上的灵活性。宁卡西的职员都已习惯了变化，习惯了通过小幅连续的变动实现改进的工作模式，这让他们在工作时很从容。在日本的旅行让我印象深刻，我感受到一种非常强有力的东西。

一种营造出生活温柔之感的严谨。

接受我直接管理的有七个人，我试着让他们成长，试着赋予他们工作的意义并给他们提供成功的途径。我还必须确保他们都好好地各司其职，在自己的岗位上都能最大程度地发挥出潜力，确保他们之间有着高度的协调一致性。我对他们说："你们和我的区别就在于，总是有很多人来找我，而我会不厌其烦地回应他们。你们怎能冒险错过这些美丽的邂逅呢？"我坚信，他们应当时刻保持一种可以实时回应外界请求的状态，我为此做了很多努力，必须向环境敞开怀抱并与其联通。我责备他们拒绝了太多的请求，而我和他们干的活一样多，甚至比他们更多。我抽出时间来回复邀约，当然也是有选择性的。我去赴约，也是有风险的。有很多是谈不成的,但有时我会遇到一些人,他们会丰富我的人生,或者有助于我工作上的推进,又或者有助于今后彻底断绝来往,但这对于企业计划的实现也是不无裨益的。

有人打算对美好的邂逅视而不见,我不喜欢这样,因为这就等于对梦想视而不见,或许会错过一个美丽的故事。

为了始终能与时代接轨,敞开怀抱与他人进行互动绝对是有必要的。比如和一些起草好计划的年轻大学生会面……这是一种直觉引导下的运转机制。举个例子,阿尔班联系我,想在塔拉尔市做威士忌,他表达想法的时候,语言组织能力很差,我完全可以这样想:"这个家伙是谁啊?"但我觉得他挺有意思的。我看到了他的激情、他的才能,立马就笃定跟他一起深入挖掘这个想法一定有好处。要懂得让有激情的人围绕在自己身边。五年过去了,阿尔班的计划才正式实施。这五年间,我们从未断过联系,我们一起把这个计划不断完善,直至成熟。我们花了些时间一同创想,如今一个源自该创想的美丽故事即将诞生,整个企业上上下下也都得到了锻炼。

我既有耐心又没有耐心。把我跟他人真正区分开来的，

是对决策的执行能力。

我很喜欢默契这个概念。有一个想法、一个计划，只需要很少的交流，我们就知道如何着手开展。会议快速进行，每个人都知道要做什么，因为这一切都建立在自动化的基础上，建立在互相了解、不用说话或少量沟通就能开始行动的能力上。比如，我跟宁卡西的产业发展总监共事已有二十年了：我们之间，在某些会议上就很有默契。一个眼神就能让我们彼此心领神会，就能知道我们该做什么。我习惯向我的团队成员抛出这样一个问题：

"此时此刻，你是企业的负担还是骨干？"

我问这句话，是为了让员工有所反应。你是骨干，就是你组织开会、推进项目计划、制定战略方案……你是负担，就是你坐等经济重振、不愿辛苦工作……要有梦想之能量，有实现梦想的超级现实主义之能量。我不能和那些没有能量、没有超前意识的人共事。提出问题，知道你到底是企业和团队的负担还是骨干，这很重要。在某些情况下，我偶尔

会缺乏勇气,那他们就会有把难题抛给我的趋势。一天,有人对我说:"您说得越少,就越厉害。您要想他们行动起来,就得从台上下去。把台上的地方留给他们,让他们别再做演员了,做导演吧!"通常,我多半会亲力亲为,而不是让他人去做。这就是我的企业所面临的主要危机之一。我需要明白,我得从台上下来,让团队上去。今天,这道坎儿已经迈过去了,我甚至还很乐意组织代表团。但这并不是我生来就擅长的。我需要明白这个道理,需要学习。

> 有时,我缺乏耐心。
> 有时,还有五分钟就到终点线了,我却崩溃了。

我能感觉到自己有很强的优势,但同时也有很大的缺陷。于是,我就让人才汇集在我的左右,以弥补缺陷。会上,有人对我说:"冷静一点!"我并不恼火。我没有意识到自己给别人留下的是一种什么样的形象,我只感觉到内心的这种能量,这种激昂。

出色表现的动力

家庭在我的生活中有着非常重要的地位。我经常想到我的父母、我的（外）祖父母、我的兄弟姐妹。我想让他们为我骄傲，也想在自己身后留下些什么。我想让自己的能力发挥得淋漓尽致。我家有很多人很早就患了器官梗死的疾病，而我想让这种病在自己身上来得晚一些。我做了企业家，那是因为事实上我对死亡极度恐惧。

> 我特别想要做成一些事，
> 很怕没有足够的时间去完成。

做了相关的阅读后，我明白了，这种做事的渴望实际上是一种对死亡的恐惧。我深深地爱着生活，我爱工作，我有很强的意志。当我看到有些人缺乏意志时，我觉得自己很幸运。意志，是一种优势，一种付诸行动兑现承诺的能力。我是个很正直的人，信守承诺。

> 对死亡的恐惧，我想这就是普天之下最强的动力。

这么想，我就宁愿拿一份合理适中的薪水，将投资能力作为企业的头等大事，为的是能留下些什么，尤其是我的需求和所追求的乐趣都很简单。我害怕死亡，但我能接受死亡，并且认为它是必要的，这是给他人腾地方的最有效的办法。也要给疑虑留地方，要害怕确信。在宁卡西，什么都不是死板的。任何人都有权利动起来，但如果动起来，那一定是以协调一致的方式动起来。重要的是，没人会在自己的位子上乱动，没人和集体不同步。

> 给我活力的，不是艺术家的创造力；
> 而是企业家的创造力。

这种创造力，是要照顾到各个层面的。我的团队茁壮成长，充分绽放，因为我给他们造了一个无形的保护罩，相对于不稳定的环境而言，他们在罩子里可以得到庇护，我还给他们提供成功的条件。新冠疫情带来了许多不确定性，我很高兴得知他们现在都在，很有能力，成为支撑企业的骨干。它让我们发挥出了最好的水平：我们的团队棒极了，资源满满，办法多多。我甚至觉得这是我最引以为傲的一次考验。

> 大家一起携起手来，就能攀登看似无法触碰的山峰。

我是很喜欢接受挑战的，所以这次挑战给了我非常非常大的满足感。

出色表现时

　　我工作的方式，主要是靠直觉，
　　所以一般来说不会害怕什么，担惊受怕的是那些主要靠分析的人。

　　我们团队召开的第一次应对疫情工作会议是着实令我失望的，因为恐惧的心态占了上风。恐惧一旦占了上风，人们只是开口谈论，却不知道到底该怎么办，或者还会让我们看到人性恶的一面显露了出来。那天，我没能成功地将他们带入一种不一样的活力氛围中。我应该更有耐心，给他们时间接受遭遇打击的现实。那时的我们并不同步。我想行动起来，可他们还停留在被突如其来的遭遇吓得目瞪口呆的状态。

　　我凭直觉做事，有时我超前了。人们以为我心情不好，但其实是我早一步看清了事实。我从不掩饰自己的感受，我的要求非常高。

　　我追求卓越，始终不断地在追问，
　　想知道哪些是我们可以改善的。

二十多年前创建宁卡西的时候，我就预感以后会出现一种以短回路和对人的投资为特点的有公民义务感和社会责任感的企业。我们今天说的企业的社会责任，我先于所有人预料到了，并对此深信不疑。这不是读书看报得来的，也不是遇见某人听来的。我们的计划要有意义，价值观要正确，我们要考虑企业对环境的影响，这一切都很自然，如同明摆着的事实。我有雄心壮志，但并不是一种只服务于我个人的雄心壮志，而是去实现一个美好且实用的计划。

我预感到会发生什么，然后，这对于其他人来说就成了明摆着的事实……

……直至出现新的有预见性的人开辟新的道路。要想有变化发展，就要让位于他人。总有一天，我的思维模式、我的看法和分析会不再合乎时宜。我不想有失误，我怕会出这样的事。因此，态度谦逊是必要的。我们决意要超越自我，必须始终保持创造性。生活中，我们没有敌人要打，只有困难要克服。

蒙着眼睛也能出色表现

阿娜伊斯·理查丹

"在内心深处,我知道一切都会顺利的。
我任凭想法自然产生,并对此完全有信心。
有信心,就是我这个人的特点。"
[于2020年6月12日11时采访]

官方简历:
法国独立媒体Maddyness编辑部主任、记者、专栏撰稿人、
创新峰会Maddy Keynote创始人之一

我在她身上看到:
与生俱来的行动力

出色表现的沃土

我父母很年轻的时候就有了我，我出生那年母亲18岁，父亲20岁。这显然让年轻夫妇的日常生活起了波澜：我的母亲不得不休学，很久以后，也就是30岁出头时才重拾学业。她获得社会工作助理文凭之后没多久，我就拿到了高中毕业证书，我很为自己感到骄傲。我父亲学起了细木工，但他从来都不能坚持下去。我知道他一直在一个聋哑学校工作。母亲和他在一起工作过一段时间，在那段时间里出现了一些滑稽可笑的场景，当他俩想说话但又不想让我和弟弟听懂时，两人就开始打手语。

> 从6岁起，当有人问我"以后你想做什么"时，我只有一个答案："我想当明星。"

我毕竟不是当明星的料，于是初中时我重拾理性，在Onisep这个提供就业信息的网络平台上进行浏览，看到我认为自己可以如鱼得水的职业，就把相关信息放进一个文件夹里，将其命名为"Onisep"。我在语言方面特别有天分，于是就瞄准了翻译、广告和新闻行业。对于一个初中生来说，这也太荒唐了，朋友们都为这件事笑话我。14岁时，我已经有了职业计划A、B、C……

回看过去，我父母经历了太多意想不到的事，遇到了太多的小灾小难，所以为了弥补缺憾，我觉得有必要规划一切。我一直都认为自己来到这世上已经让父母的生活变得混乱不堪，今后的日子里我就不要再制造更多的混乱了。一切都要顺利，我的人生要进入正轨。

> 19岁时，我去了纽约，
> 为的是去看看这个世界能给我什么机会。

17岁那年，我想离开故乡洛林，去外面看看。母亲坚决反对，认为我还没成年，这种想法太幼稚。于是我完善自己的计划，19岁时，我登上了去纽约的飞机。为什么是纽约？

> 从童年时起，我就有一种需求，我需要很大的个人空间。

6岁那年，我得到了人生的第一本《穷游指南》，是关于旧金山市的。那里的人们喜欢在家中举办各种庆祝活动，那里有金门大桥……这一切都让我心迷神往。小时候总爱说有关国外的事，我看的电视连续剧，还有我叔叔环游世界的经历，都让我的心中萌生了探索世界和追求自由的欲望，这种欲望从未消失过。我很快就明白了，要想出国远行，就要会说其他语言。上小学的时候，因为在洛林，别无选择，当时只能选德语，但我很快就对这门很难的语言产生了热情。德语谈不上是一门很有诗意的语言，但知道"花"还可以叫作"Blumen"，我感觉美滋滋的。能用好几种语言去表达同一个意思，好像语言就有了那么点儿魔力。初中时，我进了欧洲语言文化班，这样每年就能出国旅行。我初一就开始了英文和拉丁文的学习。我特别喜欢看英文字典，囫囵吞枣地记了大量生词。在口语表达或写作的时候，经常会有一些单词能自动蹦出来，这些单词我虽然觉得自己并不认识，但其实已经掌握了。

完全凭直觉，
我都不知道那些词是从哪里冒出来的。

我并没有像自己所期望的那样很快地顺利实施出国计划，于是在高中阶段，我又把之前收集到的职业信息找出来，看看在出国前能做些什么。我看到了一个信息传媒方面的校级技术文凭，于是高二一整年我都在为获得自由做准备，为能在美国待上一年做准备。我身边的人都不曾有过这样的经历，而我，就要出去透透气。

出色表现的日常

> 无论做什么，我都凭直觉。

有时，很多东西是自动冒出来的，我甚至都没有意识到是怎么来的。我不会在脑子里反复思考，尤其是在头脑风暴中，无论是要做客户计划、取名、确定文章题目或别的什么事，那些主意都是自己冒出来的，并不是通过思考获得的。但疲惫的时候，直觉就会迟钝，这是当然的。

Maddyness是一个关于企业家的博客。开始，两位创始人满腔热血，他们来找我组建编辑部门，想要圈更多的"粉儿"。我成了合伙人，团队的每一位成员都是我录用的。身边的人都是我自己选的，这是很幸运的。我做什么都凭直觉。决策正确时，我能感觉到，快要失败的时候我也会有感觉。我能够相当快地挑选出可行的方案。

> 事实上，我在航行。

> 你把我的眼睛蒙上，我还是能知道我们要去往何方。
> 我不怎么思考，好像我的大脑是自动运转的。

在做每一次重要决策前，我当然会给"发动机"抹油，我搜寻信息，效仿他人，读书看报。如果我们想找一种新的编辑方式，我会去看现在大家都是怎么做的，但不会去分析。我会沉浸其中，我会行动，那种状态是说不清道不明的。我不会去找数据，不会拿着数据具体地去了解哪种方案可行与否。如果要为一位客户进行招标，我会跟着直觉走，大脑自动运转，主动思考问题，然后我会拿出两种、三种、四种方案。有时，会冒出太多的想法，单单一个问题，我就能出炉一沓方案。我能目测该走的哪条道，也就是制定出最好的方案。如果这条路不行，我总能再冒出五种可能的方案。设计方案前不可能去做具体分析，因为大多数时候真的只是条件反射。

> 我的大脑整天都在运转……
> 是它给了我方案。

我也会经常走岔路，我知道，无论发生什么，这些岔路都会让我平安抵达目的地。我知道它们总会在什么时候助我一臂之力。举个例子，我曾经学过一年艺术史，但那并不是一段很有用的学习经历，我不打算拿有关艺术史的文凭，只是为了在两场新闻院校入学考试之间消磨一下时间，然而这段经历却成为我简历中的一个亮点。我的简历什么都好，就是缺乏专业连贯性，但我凭着它拿下了对我而言非常有用的一些实习机会。

出色表现的动力

母亲总是反复地对我说："你无论什么时候都可以去做自己想做的事，我的女儿。"那是一句赋能（empowerment）的"咒语"，那时，还没有跟这个英文词相对应的法语词。

我觉得，无论如何，一切都会顺利的。

我成了一个非常乐观的人，这其中很可能就有那句咒语的功劳，因为它总是给我很大的信心。到最后，一切都会好起来。身在国外的时候或者遭遇苦难的时候，我就会对自己说：

一切皆有可能，无论发生什么都没关系。

身处异国他乡，我更加清净。以前的我有点轻率，但在纽约的生活让我得到了磨炼。我起初住在当地人的家里，通过做家务换得免费食宿，后来因为学习条件还有教育方法的问题我搬了出来，住进了曼哈顿中心的修女之家，那里接纳来自法国的年轻女子。但那里人满为患，我只能睡地下室。地下室里有老鼠，我和另外两位女孩同住一间，把床单挂在屋顶上，让它垂下来当作隔帘。之后，我又分别居住在另外两户人家，一户是记者之家，一户是充满传奇色彩的英国家庭。我在那两户人家里也干活，在那儿，一切都可以像个样子。

小时候，我在墓地和教堂度过了童年。我幼时特别喜欢去墓地玩，我认为自己可以以一颗平常心去看待死亡。如果我明天就得死，那我就死。即使死亡即将来临，也没什么大不了的，因为我感觉自己已经经历了十二次的生死了。我有过充分的自由，游历过超多的地方。现在，我做着自己喜欢的工作，围绕在我身边的都是些了不起的人。我想我已经成功了，接下来的十年我再取得什么成功，就会有点像附加的奖励了。说到奖励……我经常去做催眠，很喜欢在内心的世界里徜徉。一天，催眠师建议我问一问自己的内心需要什么。我想都没想立刻作答，说，它需要的是认可。于是，她就开始给我催眠，问我希望这种认可会以什么样的形式体现，我立即回答道："著作大卖，销量上百万。"但那时我一本书都没出！我虽然想能有自己的书出版，但也觉得当时说的"销量上百万"是那么的狂妄自大。要相信在催眠的状态下，内心的自我也会表达出来！但其实，主要是自己愿意相信这是可能的。

出色表现时

我出色表现时，会感觉到一种兴奋，就像注射了肾上腺素，但持续时间很短。

胜利的感觉是相当令人飘飘欲仙的。

我需要持续地处于这种状态之中。

通常，我对自己所做的事、所说的话是有信心的，尤其是我总有备选路径B（还有C、D和E）。一旦发觉做法不对，就会立马规划出第二种方案。在我脑子里，无论是这条路还是那条路，都能行得通。

　　一找到路径，我做决策就很快了，
　　而决策一旦做出，我就会很快地去做别的事。

在内心深处，我知道一切都会顺利的。我任凭想法自然产生，对此完全有信心。有信心，就是我这个人的特点。

无名者

埃马纽埃尔·杜朗

"我是黑人,但在内心里却是白人。"
[于2020年4月1日16时疫情禁足期间远程采访]

官方简历:
色拉布(法国)总裁兼首席执行官、巴黎政治学院教师、
互联网架构委员会和移动市场联盟理事、作家

我在他身上看到:
强大的内环境稳定性

出色表现的沃土

我觉得自己在感知上与这个世界脱节。我是混血儿，爸爸是法国人，来自南锡，妈妈是摩洛哥人，来自非斯，他们有着不同的宗教信仰。父亲害羞腼腆已成病态，我都不知道自己是怎么来到这世上的！母亲离开了摩洛哥，决心融入法国社会。于是，我就在萨尔赛勒出生了，完全是在脱离犹太教的环境中逐步长大的。我没有庆祝过犹太教和天主教的节日，但家里还是装模作样地组织了一些家庭聚会。我就是这样长大的，心里满是疑问，我到底是谁？以前，每次去萨尔赛勒游泳馆，冲澡的时候都会看到行过割礼的黑人男生，我就对自己说："我跟他们一样，我是黑人，但在内心里却是白人。"

我和他人的区别并不明显，就像我的名字杜朗一样。

后来，我到了卢弗西埃纳，一个天主教白人聚居的城市，所有的朋友都打网球……而我，踢足球。我隐藏自己的出身，当小伙伴们说了什么对犹太人不友好的话时，我会觉得不好受。在学校里，我成绩中等，是个游手好闲的懒惰分子。我有时间就画画。我在巴黎第九大学读了个金融硕士，却对这个专业没有任何热情，只是因为实用才做此选择。在巴黎第九大学，我们每天都能收到《回声报》，我经常一边看一边对自己说，我不能做这行，不能走金融的路，因为我永远也不会跟那些对此感兴趣的人一样强。毕业后，我感觉自己并没有发挥出潜能。我觉得艺术特别吸引我，对我来说非常重要。那时，我性格内向，表现出来的是一种比较孤僻的状态，看上去无欲无求。

被索尼音乐解雇时，我事业上重要的节点出现了。我意识到自己一直都在寻找他人的认可，活得就像一个瘾君子，对于他人的认可总是会有巴甫洛夫式的条件反射。到了欧莱雅，我才明白，对这个领域的一无所知正是我的力量源泉。我需要学习，说到底是这种需求这让我变得有智慧。我试着不再去想我周围的环境，这是关键点，它有助于我思考作为一个学徒应该怎样做。2014年，我写了一篇文章，是关于数字化变革、身份、存在的意义和异国文化的交融等问题的，文中给个人指出了一条中间道路。

异国文化的交融，就是我的根。

我没有那种生来就有根的运气，过去常常觉得自己就是个盆栽。父亲早早地就成了孤儿，外祖父、外祖母都在以色列。我觉得自己并没有与一段历史相连。我没有固定的家。18岁时，我决定给自己构建一个居无定所者的身份，也就是住处不固定的人，可继承人往往都是住处固定的。

从某种意义上说，死亡追着我。我很快就52岁了。自从2015年父亲过世，我感觉自己就是个快死的人了。知道父亲什么岁数走的，我能根据他的去世时间，对自己的寿命进行推算，从而得出我还能活多少天。我一般从不想这种事……但后来，突然间，我就时不时地会因此而恐慌，以致于半夜都睡不着觉。

于是，我一头扎进工作中，寻找刺激，像是得了多动症一样。

出色表现的日常

> 我无法成为一个纯粹的某国人，
> 这一点很可能就是我成为出色表现者的动力。

犹太人的幽默能让我与之共振、产生特殊的共鸣，这个人口占少数的种族总是最大程度地鄙视自己的能力和适应环境的能力。

Ikigai的花型模块揭示出你在什么地方可以尽显风采，但对我来说，这是一个把问题过于简单化的视角。我不赞成这种你在"甜区"里就可以彰显自我的理念，因为这是以唯一且不变的原则为前提的，而我既不是唯一的，也不是不变的。我可以喜欢这个，也可以喜欢与其相反的东西。这就让我变成了一个更难懂的人。这种一人身上带有两种不同文化背景的现象如今已得到社会的认可，被视为一种能让内心变得坚韧强大的能力。根据纳西姆·塔勒布的理论，我将自己视作能抗脆弱的人（需要遭遇始料未及之事，需要遭遇混乱的局面来强化这种抗脆弱的能力）。我具有模棱两可的性格特征，同时又很难理解这个世界，这两点让我深受束缚。与激活自己的天赋相比，我更向往的是出色表现。

出色表现，我可以作为杂家而非专家展现出来。

就这样，我有着别人没有的一套本事，创造力就是闪现出的火花。要想有火花，需要一个阳极一个阴极，而不是两个阳极。这就需要一种在原本没有连接的事物之间建立连接的能力。我有创新的理念，因为创新在某种程度上与规则背道而驰，所以我的创新理念总是无法符合人们的期待。我把自己看作西奥多·利文斯顿，这位DJ发明了指压唱片的方法（用手指在黑胶唱片上向后滑动，手动改变读取速度，实现循环播放）。这在当时是禁止的，但他决心背水一战。

我身上，也有这种不受规则和禁令制约的能力。

我还发现优化系统对自己来说易如反掌。但如果你是个很会优化规则的人，你在奥斯维辛也能优化那里的系统……当你变得很有创造力时，你就能对自己所做之事作出判断，能站在一定距离之外做出选择。

我是一个无法适应安稳环境的人，
因为我会对自己所做之事失去兴趣。

在当下这种局势中（新冠疫情暴发），我就苏醒了过来，因为这对我的适应能力形成了一种刺激。如果你不是继承人，你就有点像西力，他是伍迪·艾伦执导的影片中一个变色龙式的男子。就像这次疫情，不稳定的局势通过调动我自身的适应能力，让我处于警戒状态，让我激动起来。

出色表现的动力

我在宇宙中的位置并不能完全安抚我。

问自己以什么为中心曾是我生活的动力,这对我来说不是一个很容易回答的问题,因为我是一个几乎不围绕什么中心转的人。

我热爱绘画艺术、摄影艺术、肖像艺术、雕塑艺术。只要是视觉空间性的东西,我都感兴趣。我把自己的职业生涯引向实用性的一面,但同时又总是跟艺术领域有关,无论是在电视领域(M6)、化妆品行业(欧莱雅)、电影界(华纳兄弟),还是在科技行业(环球唱片、索尼音乐、色拉布),总是围绕着艺术表现这一中心。33岁时,我被索尼音乐解雇,后来又有了工作,在苏黎世的理肤泉(欧莱雅旗下)当老板。那时的我,对什么都一无所知,而他们竟然能在我这样的人身上下赌注。我对自己说,以后不会再有这样的运气了,对这个工作要全力以赴,直奔成功。

我很相信直觉。

直觉是一种懒散的智慧。

但直觉是以过往经历为基础的,所以它会让你在一个系统中维持原状。在这种情况下,我就需要发挥自己的分析能力,建Excel表格,重新找到增长点,这让我终于挺过了2008年的难关。

> 我成功了,是因为我一无所知。

我是个成功希望渺茫的人,在职业生涯的前半程,这就是一个缺陷。但令人惊讶的是,它让我步入了出色表现之路,与时代同相。但这是一段相当孤独的历程,因为我没有业界元老的资历。我是处在系统中心的边缘人,无法消除与生俱来的孤隐之心。

> 我永远也不会成为他们其中的一员,
> 但我有回应和向世界发问的能力。

我内心有一部分特别自我,它想要以形成冲突的方式展现它的不同。有两种诱惑并存:一种朝向中心,一种朝向边缘。高三那年上生物课时,我和一个朋克少年坐在最后一排。高中毕业会考我得了18分,而他则没有通过。我始终有着两种差距很大的心理,这耗费了我不少精力。

这是一种由于缺少重心而产生的平凡。

> 我的平凡是让我寻找自身特殊之处的一种小小的刺激。

这就是市场营销让我快乐的地方，正是那些需要运用智慧的过程让人既能引起轰动、成果卓著，同时又能与众不同。我在18岁时，幻想成为一名建筑师，但我觉得做建筑师需要有天分。资料显示，有70%的人都无法以此为生，但于我而言，这门技术和文化相交融的学科很完美。

出色表现时

我觉得人们过于重视能力，却不够重视意愿。出色表现者不是最有能力的人，而是那些对所做之事最感兴趣的人。

我们在警戒状态会有出色表现，这让我得出这样一个结论：这种兴奋状态能让我们充满活力。我对艺术所产生的各种感觉很敏感。我需要看到美丽的事物或在一种艺术的维度上表达自我，这样才能给我以刺激。如果我不拍照片，那我会很难过的。我在巴政教书，课堂教学一直都是特别棒的时刻。我的装束优雅帅气，学生们聚精会神，这种和谐，这种智慧的同步，也是人生一大乐趣。闲暇时间，我需要休息，每天早晨遛遛狗、跑跑步，让自己平静下来；呼吸新鲜空气，养养肺。

> 出色表现者不是与世隔绝的人。
> 他们需要与世界相通。

那些总在思考的人常把自己从现实中抽离出去，他们往往并不是活在当下，不是活在眼下的世界里。我很喜欢那些把我猛地拽回现实的事情，孩子出生、打拳击、或者风筝冲浪……我可以在水上一连好几个小时都全神贯注。我的眼里只有下一个浪，除此之外，什么都不重要。我是如此地活在当下，所以活力满满，活力满满的时刻是带有神秘主义色彩的。说到出色表现，我喜欢用水上运动打比方。冲浪时我们要制定好计划，你感觉不到陆地给你的压力，你在浪尖上，在心流里。当我感觉自己掌握了一个技巧时，我就飞越其上，不再被细节问题束缚住手脚。

> 就像注入了一剂多巴胺，如今我对此成瘾。这个由大脑产生的东西让我活了下来，它就是学有所成的必然结果。

独一无二的人

伽艾尔·博内尔·桑切斯

"在人生低谷时,我知道人生高峰即将到来。
我只需负责启动,我知道剩下的事自有魔力来完成。"

[于2020年6月15日14时采访]

官方简历:

黑G伏特加和阿尔玛斯伏特加创始人、

全球企业咨询服务模范机构、Heroïca Tempus英雄时代钟表品牌创始人、

人类星际计划创想人、电视电影制片人、BSP制片公司创始人

我在他身上看到:

一个外星人天然原始且出人意料的想法

出色表现的沃土

我在莱斯泰勒-贝塔朗长大,那是法国西南部的一个小村庄,靠近波城。那里的生活和我现在的生活大相径庭。父母很年轻的时候就有了哥哥和我。父亲是村里的冒险大王,做过不少小工,后来当了警察。母亲出身于一户西班牙移民家庭,在法国西南部并不总受人待见。她也是接连做些小活计。那时,我们过着相当简朴的生活。父亲入职警察局,实现了自己的志向,同时也是为了能有稳定的收入。我6岁时,父亲调任至马赛工作。那时,我相当孤单,总是一个人坐在一边,这让母亲很担心。她经常看见我在学校操场上低着头,不和任何人打交道。父亲在马赛任职一年后,又调任至芒特拉若利城。有人跟我打架,压力四起,再加上抵制白人种族歧视,我很快就陷入困境,尤其是因为我是警察的儿子……直至大家都接纳了我,才过上了好日子。但在那之前,我不得不给自己套上重重的壳。比如有时在超市,母亲会遭人唾弃,因为父亲是警察,然后人们会把我们一家人围起来。我去找保安的同时,父母不得不自卫……

上初中时,我还是挺勤奋的。我很爱看《丁丁历险记》,那时的我很爱幻想,爱看刊登租赁山区木屋广告的杂志。我还让母亲买滑雪时戴的头盔,在客厅装模作样做出滑雪的动作。我已经开始向往广袤的空间和奇幻的旅行了。3岁起,我就在父亲的带领下踢起了足球。这让我经常外出,当然也都是为了踢球。文化课方面,班里的小伙伴们常常嘲笑我,因为我跟不上课程进度,还需要上辅导班。课程虽是一样的,但我需要更多的时间去消化。足球这方面,父亲经常带我去测试中心,但人家并没收我……接二连三的失败让我更加坚强并用心改进,后来终于有几个俱乐部觉得我不错,最后我成了亚眠体育俱乐部2队的成员。无论是跟队里其他人还是跟1队比,我都没有什么经验,但我一去就在寝室里宣布:

"你们瞧着,伙计们,我将是1队最棒的球员。"

大家都嘲笑我,而我用了不到半年的时间真的成为1队的第一名,最后我成了无可置疑的正式球员。那些年的日子过得相当好,直至我们的训练课程结束。课程结束应该就可以去亚眠成人职业队。但令人惊讶的是,在与教练的最后一次会谈中,我得知自己没能直升,职业队的教练不想要我。要怪就怪我的坏脾气:把球衣扔到教练头上,拿球砸对方球员的脑袋,又或者对公众竖中指，这些都不能助我成为一名模范球员！如果我们赢了而我一球没进，我不会开心的。我总是想赢，这种劲头有利也有弊。但并不意味着我就放弃了做球员的想法。我跟一个足球经纪人签了协议，他把我带到罗马尼亚和匈牙利，但那是绕了个弯。当他说出阿尔巴尼亚的时候，我就决定不去踢球了，开始尝试实现我的其他梦想，尤其是拍电影的梦想。差不多18岁的时候，我沮丧地买了一张单程票去了西班牙，在一家破烂不堪的酒店住了下来，找了份服务生的工作。端咖啡的时候不碰翻杯子，对我来说太难了。后来，我去了一家服装店。一天，我接待了一位顾客，他是足球运动员，他的经历让我自惭形秽。我因此彻底改变了，回到了法国，意欲实现自己的梦想。曾经想做模特（我身高1.75米，一点也不怀疑自己在这方面的能力！），到处投递照片，最后，我收到恩德摩尔公司的回复，说我可以去做群众演员。于是，我上了亚瑟主持的电视节目《成交还是不成交》，和公司专门负责挑选演员的主管协商好每期都上镜。一段时间过去了，有人发话了："把那个家伙去掉，每次都看到他。"于是，有人提议让我去公司做制片助理。后来，我一步一步往上爬，终于有了自己的实验节目《伽埃尔和奥蕾莉》，我是主持人，但我总是感觉自己主持得很差劲，最后节目也没能办起来。我意识到自己无法再继续往上走了，看似可以不断往上晋升，但事实上有一层透明玻璃顶，无法彻底突破。于是，我动了一个念头：创建自己的公司，打破这层玻璃顶。

我把这种狂热转化为动力，它指引着我。

我去了女友所在的戛纳城，请父母在经济上给些支持，同时变卖了自己所有的家当。我想创办一家属于自己的电影制作公司。女友的父亲塞尔日·巴特里斯是我一直以来的朋友兼合伙人，他有意向给我的电影投资。

一个生意人总是介于两者之间：
要么几近失误，要么几近成功。

我提议塞尔日投资好莱坞的一个盛大晚会。我对他做了许多承诺，他很信任我。媒体已造出声势，虽然离成功还很遥远，但我兑现了所有的承诺，我把大家都邀请了过来，这让人们对我们有所了解，也使我们完成了预定的目标，尤其是在纽约切尔西电影节上，带着我们的首部长篇作品去斩获奖项的目标。

我是如此激情澎湃,对自己如此确信,无论是谁,我都能拉他上船。

　　今天,在人生低谷时期,我知道人生高峰即将到来。我只需负责启动,我知道剩下的自有魔力来完成。这并非基于现实,而是基于一种没什么了不起的东西。但这种做法总是很奏效。人们倾向于赋予事物一种复杂性,然而事实上并非复杂得无法触碰。能不能做成,取决于我们付出的精力。接着,我遇到了哈里·罗塞尔马克,我们彼此很快就产生了好感。我向他提议,制作一部电影。我想创作一些电影,自己做演员。哈里发给我一个剧本,我们用了一年的时间,把所有的事都做好了。我没有当演员,而是做了制片人,之所以做制片人还是那种想掌控一切的想法。我不喝酒,不抽烟……我意识到演员如同棋盘上的棋子,没有太多的自由,我更乐意成为那只移动棋子的手。

　　我时常感觉自己与整个宇宙联系在一起,我常常对自己说,我是来诠释生命迹象的,如同一个踏浪而来的冲浪者。

　　那部电影拍完了,我又有了另一个想法。我需要一剂能令我兴奋的良药,更强劲地前行。于是,我有了做其他事的想法。塞尔日想要做伏特加。我对他说这没用,因为伏特加已经成千上万种了,要做很多营销。我想做一些不一样的东西,有创意的东西,这样营销起来也会更容易一些。当你没有某些集团所具有的强大力量时,你就需要创造和革新。我很自然地就想到了这个主意。回想起电影中的男主角常常在喝伏特加的时候吃着鱼子酱,我做了不少研究,知道了鱼子酱和伏特加自古以来都是分开食用的,是时候将它们配在一起了。仅凭一个概念、几幅图,我就可以在不同的投资者中间做选择,最后我们凭借黑G伏特加,也就是鱼子酱伏特加,大获成功。从球员到制片助理,再到电影制片人,带着这样的背景,我又成了伏特加的生产商。那时,我问自己,我到底是谁。

我不认为自己是最好的经营者。
我更偏向于视自己为一个创造者,一个企业家。

我创造了阿尔玛斯白鱼子酱伏特加,创建了一个汇集模特和影响力人物的机构及应用程序,创立了一个以猛犸象毛为特色的首饰品牌,推出了刻有历史人物(拿破仑、爱因斯坦等)签名真迹的"时代英雄"系列腕表,办了一本杂志并以期成为有影响力的纸媒，拍了一部长篇电影，创建了一个空间站……我给自己找到了一个身份，那就是创造者、企业家。此外，我还过着四处漂泊的生活，因为我已在保加利亚住了五年的旅馆，而且今天仍是满世界跑。

出色表现的日常

"我试着忘记自己的过去。每当我跨过一步，我都会认为刚刚过去的那个阶段不是最好的，所以我需要忘掉。"

那几乎是一种有害无益的记忆，需要搁置一边。我会把衣服换掉，把一切都换掉。在我抛弃球员的身份去恩德摩尔公司工作的时候，就把跟足球有关的所有东西全扔了。这一页翻过去了，彻底地翻过去了。

在前不久的一次家庭聚餐上，我能看出大家是怎样看待青少年时期的我。一位好友的父亲对我说："你可让你父亲遭了不少罪啊！"

> 每当失败的时候，我都会特别暴躁。我无法接受失败。

父亲把公正的信念和无所畏惧的精神遗传给了我。他对我和哥哥的管教很严，我们不能做蠢事。但他对我们的信心始终如一。他好胜心强，把这种对成功的渴望也传给了我。母亲是个很文静的人，她稳重，和蔼可亲，也活泼开朗。我有些想法很疯狂，是那么地超乎宇宙人的想象，母亲对此却总是满怀信心。父亲则常常为我担心，并不一定对我的梦想表示赞同。在他看来，我应该成为足球运动员，那是我的使命。后来，我在生意上接连成功，从此以后，他便对我做的一切都充满信心。我若跟父母说，一个月后我要去月球，他们的回答会很简单："哦，是吗？何时起飞啊？保护好自己！"虽然家教很严，但我出门的时候，父母还是很信任我的。哥哥和我可以出去会朋友，没有说几点前必须回家。不过，我也一直都是跟哥哥和他的朋友们在一块儿。我们一起度过了很美好的岁月。父母性格互补，很快就要庆祝结婚40周年了。我确信，他们对我们的教育是有益的，因为我懂得尊重他人。

我在14岁的时候，因为选择了踢球，就一个人生活了。有时，我会觉得很迷茫，因为34岁的我好像已经经历了一万次生死，但情绪上却缺乏稳定性。我会赚钱，并且轻而易举，并没感觉需要做什么努力，尽管我的脑子24小时都在不停地忙碌着。在很长一段时间里，我都很怕睡觉会让我觉得无聊，怕这会让我失去对人生的掌控。每天，我都会在浴缸里泡一泡，因为所有的想法都是在沐浴的时候冒出来的。但事实上，我无法停止思考。思考开启了我的旅程，我很快就发掘到了大脑的潜力，它可以逃离现实生活，它可以变得更有创造力。而这，才是真正的奢侈品。

  我的头脑，我的想象力，是能让我跨越所有边界的奢侈品。

出色表现的动力

我经常想到生死。想到死亡时，我有点无法接受。我每夜都能听到自己的呼吸，想着自己的五脏六腑，了解到睡眠时间不长也不是坏事。踢球，以及我之后做的一切，比起人类生死的大问题来说，似乎都是微不足道的。于是，我最近创建了人类星际计划，致力于将人类的DNA送入太空。

  我夜里思考得更多，这样，事情一点点地就做了起来。

我的祖父母在一起生活了一辈子，但临终前，祖父却再也不认识祖母了。这让我陷入忧虑，我对自己说，需要开发些什么东西出来。我觉得我们处在一个老旧、古板的体系中，目前可以采取的解决方案也只能适用于下辈子。

人类星际计划也是一种类似罗密欧与朱丽叶2.0的计划，它能让相爱的人永远在一起。我不想做事的时候畏首畏尾，我知道计划会实现，我们会成功的。我希望创建一个银河系民族，将那些情侣的DNA汇集起来，让有情人一同去往未知的世界……是啊，为什么不可以让生命在别处成为可能呢？这或许看起来是一种乌托邦式的不切实际，但我们的确生活在一种现实之中。地球的处境并不好……需要对它实施救助，但这并不影响我们去开发宇宙。我们的计划目前几乎已经完成了。我们提取人类DNA，装入胶囊使其可以"没有时间限制"地保存下去。我们如今已经掌握了胶囊制作工艺，找到了合作伙伴，大体框架已经构成，媒体报道会很快推出，宣传大使也即将登场。

出色表现时

我早就知道会谈会很顺利。有两点让我得以成功：一是我能推动人们跟我一起做事，二是我能在短时间内知道和我面对面的是什么样的人。我几秒钟就能了解这个人。我能很快地觉察到发生了什么,觉察到这个人想要的是什么。当然,并不仅仅取决于此……我还一直采用同一种方法,那就是:首先创造出世界上独一无二的东西(这是我的乐趣所在),这会使接下来的宣传工作轻而易举。媒体造出声势,证明这个新产品有一定的价值,于是我就能成功融资,组建出一支团队,在成功的道路上我会全程参与。

> 就算要去见总统,我也不会有任何压力,
> 因为我知道我会让他很乐意与我合作的。

我从不做预测,也不怎么做笔记。我相信自己有创造力和反应力,我知道事情会进展得很顺利。开发新项目能让我兴奋,就像注入了一剂肾上腺素。相比于伟大的人类星际计划,我觉得自己以前所做的一切都是那么平凡。我感觉那些仅限于纯粹物质性活动的人没有懂得如何捕捉生命的意义。如果事情都做成了,我也会觉得自己有能力创造一种新的道路,一种新的方式去感知我们生命的意义。

> 这项计划的大致想法就是让生命在别处也成为可能,让别处也充满生机。

演说家

弗朗克·帕帕项

"我不会置身事外地说什么。我必须身在其中。"

[于2020年3月29日12时30分疫情禁足期间远程采访]

官方个人简历：

传媒领域专业人士、传媒学校集团创始人兼总裁、

IPF集团和爱丽舍学徒制学校集团总裁、

法国亚美尼亚协会协调委员会主席之一

我在他身上看到：

社会地位得以提升的激情……改变命运，是可能的！

出色表现的沃土

> 没有什么是不可能的，一切都可以克服，我们能赢。

我出生于一个简朴的家庭。父亲是做IT工作的，母亲是会计。我五岁半的时候，出了一场特别严重的事故，昏迷了一个星期。数月间，我的右侧肢体都处于瘫痪状态。医生需要重建我的颅骨，我不得不进行长期的功能康复训练。于是，要想恢复，我必须在各方面都加倍努力。我从来都不喜欢沦为牺牲品，无论是发生了意外事故，还是发生那曾经令我极度痛心的亚美尼亚种族灭绝事件。但其实，我不喜欢人们用"种族灭绝"这个词，因为这意味着我们失败了，我们遭到了屠杀。我想要对自己说：

> "我们没有失败，我们赢了，我们不断地取得胜利。"

父母对此的态度可以说在我的成长过程中救了我，因为他们面对我的时候总是好像什么也没发生过一样。真正的爱，不是疼惜，而是它的反面——严厉，像严厉地对待姐姐一样对我。所以，我从来都没有过那些让我觉得难为情的心理情结，十四五岁的时候，我可以跟他人搏斗，可以以运动的方式像他人发起挑战。再后来，长大了，就不太合适以运动的方式跟人挑战了。

我祖父16岁的时候经历了亚美尼亚大屠杀。除了他和弟弟，全家人都命丧黄泉。我父亲一家和母亲一家都遭受了迫害，经历了逃亡，一切家产都不能带走，只得在异地他乡从头再来。所以，我很早就有了政治头脑和奋斗精神。15岁时，我每天都会花上两三个小时阅读报纸：《世界报》《解放报》《巴黎晨报》……16岁时，在学校，我成绩处于中等水平，没有找到自己的坐标，我带着强烈的意愿加入了亚美尼亚协会，为声援亚美尼亚的事业而奋斗。在那里，我感到浑身自在。我对亚美尼亚的问题了如指掌，经常发声：我办了一份报刊，还经常围绕亚美尼亚和种族灭绝的问题举办讲座。那时的我，已经在组织群众方面和发表言论方面具有了较高的水平。

那时，我是一个成绩中等的学生，与出色

表现者的水平只是在某一方面有差距，而在其他方面并没有。

出色表现的日常

我总是对挑战特别感兴趣。当时创立传媒学校的动力就是热爱。我想开办一所学校，因为我坚信必须把学生的世界放到企业的世界中去，把企业的世界放到学生的世界中去。然而当时，这些都已存在。

> 要是有人从远处看我，会想：
> "这家伙头脑不清醒。"

并不是因为我满怀热爱就头脑不清醒。我不会开启一个自己都不热爱或不坚定的历险，仅此而已。建这样一种学校的初衷，就是想让自己很了解的一个领域的职业技能在学校里得到更好的传承。

> 今天要想成功，就要善于冒险，没有热情是不会去冒险的。

是挑战这一概念让人激情澎湃，而不一定是挑战涉及的具体内容。明天，我可能会去开公司，可不一定对公司的主营业务感兴趣。但也不是为了挑战而挑战，而是挑战需要有一种实用性，需要能说出来些什么。我不会置身事外地说什么。我必须身在其中。

在收购《奢侈品日报》和巴黎奢侈品沙龙之前，我开办了巴黎奢侈品学校。我想创建一整套体系，以使我们的大学生在该领域就业时能够得到认可。《奢侈品日报》和劳拉·佩拉尔举办的巴黎奢侈品沙龙让我的系统性操作形成了闭环。我所期望的，就是能使学生们具有最高水平的、最能提高自身价值的就业能力。目前，我正在体育界复制同样的整套体系，和泰迪·瑞纳合作，创办巴黎体育学校。不久后，我还会再次将这样的整套体系运用到娱乐界，我会创办一所舞蹈音乐学校……尽管我对舞蹈或音乐并不是特别感兴趣。

出色表现时

我需要对一个项目特别坚定，才能进入出色表现的状态。我最起码需要将实施这个项目的计划真正植入心中，才能传递激情。我脑子里有几十个项目没有去落实，是因为我觉得还不够成熟。不够成熟的原因，是我还不够确信这些项目能带来什么好处。我需要非常笃定才可以行动。

  我能很好地识别出色表现时的兴奋状态。

  你感觉到什么都不能让你停下来。那个时候，你热情高涨，

  并被这种热情带走，除了成功，什么事都不会发生。

当我非常笃定的时候，就会有一种真正想要实施这个项目并且干出成果的欲望。项目出了成果，我就会感觉到一种愉悦、一种欣喜、一种满足，因为我成功地使自己设计的项目变成了现实。展示项目的时候，我会有很多情感交流。我并不疯狂，不是个毫无意识的人，但做项目需要与现实的经济情况相符合，需要一个商业计划的框架，需要我全盘操作，以使想法能够与管理模式相适应。

  但并不是商业计划引导了我的选择，

是我的选择引导了商业计划。

举个例子，我做投资基金时，跟他们说："我跟你们的区别，就在于你们主要在做Excel表格，而我善于冒风险。"但"善于冒风险"并不意味着真的"冒风险"，需要懂得预估风险，要知道万无一失的可能性到底有多大，善于适时地冒风险。我出色表现的动力是什么？就是想到他人。想到他人，是我出色表现的本质。我们可以成为发动机，成为领头人，但如果身边没有一个团队的话，这种作为，这种想法，是不可能实现的。我懂得分享，是因为我曾经也是员工。我出于本能地采取一种适合员工的管理模式。人们看到我的出色表现，看到企业的出色表现，其实都是在我们成功地发挥团队各方积极性的前提下共同构筑的成果。

当我请求员工做什么的时候，我是在冒险，但我懂得如何降低失败的风险。

游戏规则大师

塞尔玛·肖万

"你有着那种强烈到人们无法拒绝的意志。"

[于2020年4月22日11时疫情禁足期间远程采访]

官方简历:

终极软件公司（Ultimate Software）分管国际营销

与商务开发的副总裁，作家

我看到她:

极富人性化，极为清醒

出色表现的沃土

我今年36岁,经历很特别。母亲出生于一个阿尔及利亚裔移民家庭,家里共有7个兄弟姐妹,身为老大的她很快就明白只有努力才能有出息。父亲来自一个富裕的家庭,但他目无王法,是那种会说"我拒绝遵守规定,什么都不在乎"的人。父亲是个法俄混血,我的祖母是俄罗斯人,做过模特,祖父是法国人,资产阶级家庭出身。我呢,就是一个在郊区长大的穆斯林女子和一个无法无天的资产阶级男人所生的女儿。我小时候上的是天主教学校,那时我们住在诺曼底。那个年代,没有很多不同肤色的人,我们家的孩子里只有我一个是深肤色,几个兄弟和一个妹妹都不是。

上初中的时候,我成绩很好,母亲是那个在背后推着我向前走的人。比如,满分20分,我得了18分,她就会让我解释为什么没得20分。于是,我渐渐变成一个考试能手,袋鼠数学竞赛、金字典听写大赛、历史地理竞赛、英语竞赛、诗歌创作或短篇小说大赛,我都参加。其实在家里,我和妹妹的优点很明确:妹妹漂亮,我聪明。当然,每次竞赛都是母亲给我报的名。她想让我上巴黎综合理工学院,为的是让我完成一段她此前因故放弃的卓越梦想：当年，她读预科时有了我。然而她后来又迎头赶上，考取了教师资格证，现在是一所公立中学的校长。

13岁时，我连跳两级，被路易大帝中学录取。那一年，父母离异，我独自一人在巴黎的一间公寓里生活。我不会照顾自己，家里脏乱不已，我时常靠巧克力充饥。15岁时，我终于住进了一户天主教家庭，在那里住了两年。17岁时，我回去跟父亲共同生活了半年，其间遇到了一个人，后来他就成了我的丈夫。当时我俩一起玩了不少网络游戏，就是从那时起，我们再也离不开彼此。20年后，我们还是一直在一起，有了3个孩子，其中2个是双胞胎。

自打14岁起，我就没再见过母亲。我跟父亲的关系并不是很好。高中毕业后，我读了两年预科，上了一所商校。这是那些不太差劲却心无志向之人的经典路线。我选择了唯一一所开设互联网专业的商校，在那个年代还不多见。这个专业涵盖网络营销，也包括信息系统咨询，等等。同时，我加入了一个协会，这个协会经常围绕网络游戏这个主题组织一些活动，我自己的那个小天地变了。电子游戏行业让我有了一种前所未有的经历。十多年间，我最爱的游戏就是《魔兽世界》。就是这个游戏让我喜欢上了竞赛。因为是团队行动，再也不是单打独斗。我构架了十几次，在我看来，每一次都有所进步。大型多人在线角色扮演游戏现在已经被视为电子竞技运动了。你训练自己的团队成员,就像对待一种真正的运动一样,有一种热爱和对极致表现的追求在里面。但真实的生活当然更有趣。无论如何,这对于学习来说是真的好,没有太多风险。

  玩这款游戏的时候,我就把管理工作中可能做的蠢事都做了一遍。

毕业后,我在媒介代理公司转了一圈,而后在新兴企业里做过不同的岗位,经历过公司收购和上市。最近,我又去了人力资源服务平台PeopleDoc做了欧洲、中东及非洲市场营销部的负责人。2018年的时候,PeopleDoc被美国软件巨头终极软件公司收购,在规模上,一切都变了样,这也是我第一次在现实生活中管理一个充满多种文化的大团队。

  与此同时,我兴趣广泛,那些让我感兴趣的东西一直萦绕在我的脑海,直至身心疲乏。

比如,两三年前的一个8月,我备感无聊。于是,我开始创作科幻作品,几个月的时间就写完了一本书和20

多部短篇小说。我为自己的长篇小说找到了出版商，作品出版了，我成了作家。十几部短片小说也出版了，其中一部还获了奖。而后，我又转向去做别的事。

出色表现的日常

对我来说，一切都可以用你能看懂的系统来诠释，一切都可以提速，也可以放缓。比如我的那部长篇小说，在学会快速写作后，用了两个星期就完成了。

方法懂了，我就运用一些机制进行优化。

在我的团队中，工作时，我总是追求优化与灵活。例如，自从禁足以来，我建了几个专项工作小组，把具有不同能力和不同特点的人结合起来，以便在有重大问题时快速发布任务。目前，我们正准备发布新的招聘启事。我会日以继夜地工作，一旦我明白如何操作、如何完成任务时，我就向相关小组下发工作指示，然后就可以放手了，只需远观他们的行动就可以了。

出色表现时，你的内在驱动力，就是想要做得好。

人们常常认为出色表现者是即兴高手。他们看到我毫无失误、毫无准备地就成功了，总之，两手插兜，从容不已。他们常常以为我在此之前什么也没做，然而事实却是我用尽了全力，做足了准备，才掌握得如此之好，侃侃而谈，毫不费力。可是，有人想学我，却只看到或只复制第二个环节（即兴和双手插兜儿环节），完全没有想到我之前所做的一切，所以很不奏效。这让他们备感受挫，也令我备感受挫。我一直都对自己说：

"如果你需要边做边想，那你就没有做好准备。"

我有点惭愧，我的一个前任老板给我起了个绰号，叫"游戏规则大师"。她印象中的我无论对于什么都会做一个极为精细的计划。但事实几乎相反。其实，当你在追寻出色表现的道路上走了很久的时候，你甚至都不会再去想怎么做计划了。久而久之，一切都完全如你所想，你已经花了如此多的时间去准备，以至于自己都不太明白为什么要这么做，可这本身就是合乎逻辑的。

> 你只有在事后才明白自己是如何取得成果的，那就是直觉使然。

这种学习机制并不是你意识清醒的大脑去安排的，而是内在的。其实，你不选择，也不分析，你试着获取尽可能多的线索。你知道秘诀，知道怎么将这一切与你听到的许多东西联系在一起。你创造了联系，因为这个主题你感兴趣，一切都会看起来与该主题相连。它会给你带来和别人一样的各种刺激，但你会用不同的方式把它们联系在一起，而这能让你轻而易举地找到摆在面前的那个问题的正确答案。

> 白天我没有产出，但我会大量地获取信息并由此想出一些策略。

出色表现的动力

> 我总是想要明白事物是怎样运转的，以便使其达到最佳状态。

真的是《魔兽世界》让我心里那种出色表现的欲望显现了出来。我在想，怎样才能用最少的投入获得最大的成果，且不仅仅为了我个人。我在寻找，我想营造一个适合我团队的环境，以达到最佳工作效率。要想做成这件事，你必须有极其出色的表现,否则会耗费很多时间。我想要费最小的力气达到最好的结果。对某件事的思考并没有按照顺序展开。我们要跳出特殊情况的圈圈去系统地考虑。比如说,摆在我面前的问题不是聘任某人,而是使我的整个工作体系足够好,从而能让我招到最好的人。

> 就像你有了谷歌快讯,输入当前想要寻找的主题关键词,就能持续获得相关信息。

出色表现者会持续地从宏观转到微观。我从来都不是按顺序处理问题的,而是试着将问题放到整体框架中去看,放到一个环境中去看它是如何作用于环境的。别无其他选择的时候,我常常会寻找对于自己来说比较难适应的环境。我并不赏识自己,所以我想向自己证明自己是有价值的,我可以做到。当我把问题放到整个环境中去考虑且一切皆如预想的时候,我为自己感到骄傲。

> 失误的时候,我对自己说,原本就该经历这样的事。

新冠疫情暴发以来,大环境令人恐惧,但这种压力是我很喜欢的。出色表现时,我会感觉自己拥有一种看不见的超强力量。感觉自己很好，感到肾上腺素位于峰值，进入了自动化的状态，同时感觉自己在走钢丝，一不小心就会掉下来。于我而言，获得快乐的同时不可能没有压力。

总是应该去做更大的项目。

出色表现时

你有着那种强烈到人们无法拒绝的意志。你知道自己已经提前成功了，你感知到自己启迪了他人的智慧，在他们意识到这一点之前。这很奇特。这是一种纯粹的兴奋。出色表现时，你觉得你在执行自己的意志，运用自己所有的本领，以使一切如你所想。在你的脑子里，你分了身。一个你在做事，另一个你在后面看，就像在看电影一样，时刻准备在剧情不理想时采取行动。

那是一种所有传感器都打开的状态，因为大结局到了。

你准备着，"上台"时，什么都不要再想了。就在那一刻,你看到了准备过程中的所有差错。所有的传感器都打开了,为的是识别不和谐的因素,它们并不在你预先准备好的剧情中,只有在这种时候你才会重新下达指令,对自己说:"这个,我得管管。"于是,对于那些不和谐因素,需要找到一种回应模式,以使其和谐归位。而后,你又可以变成那个看电影的人。

生活中,我很喜欢做2号人物。做头号人物,我不感兴趣。我感兴趣的,是解决问题。要想有出色表现,我认为不能给自己制造障碍,也不能有偏见。大家在感知上都会有偏差,只是需要意识到这个偏差。这需要一直问自己:

> "我怎样才能在这个问题上挖掘出更多的东西?现在挖掘得够不够多?"

这条信息是否有用,或者,我有没有曲解它?给自己设置框架,让自身的感知有一个限定范围,这超级简单。我训练我的各个团队,让他们持续地去提出问题,去审视自我。这是一种对现实的核查。我越来越确定自己是一种催化剂:我在的时候,大家都会扪心自问,事情通常就会发生变化。我喜欢事后反思,喜欢对自己说:"瞧,我成功了！"我还喜欢看到过程中和最终结果的那种优雅感。

我不想被爱，我想让自己令人倾佩。

如果我是消防员，我不想有人跟我说我是一个讨人喜欢的消防员，而是人们认可我，认为我知道管道里发生了什么，尽可能做出最有效的处理方案。我在这里不是为了与人共情，而是为了团队能够成功。说到底，与团队成员共情也不会改变什么、不会起多大作用，因为我的职责是让大家都做得好。我可以为了项目，为了团队，牺牲个人利益。我把自我融入到整个团队追求成功的过程之中，融入到我设定的成功范式之中，而不牵涉我个人的成功。但成功后，我可以对自己说，这次成功是因为有我在。我想做一个有用的人，而且我始终跃跃欲试地想要奔赴需要我的地方。

要想表现出色，就要有想留下痕迹标记历史的心。

死亡并不让我感到害怕，因为我对自己所做的一切都不后悔。我只是为孩子们担心，为那些我疏于照顾的人担心。就我个人而言，我并没有感觉到时间给我带来的烦恼。我想，人们害怕死亡是因为害怕没有时间完成自己想要做的事。我做事的方式是完全不一样的：如果事情的进展和我想的不一样，我会采取行动去改变，否则就接受现状。我什么都不后悔，是因为人生的每一秒我都全力以赴。人生的每一段，我都爱它们本来的样子，但我想在身后留下些什么。

什么都不放弃，我们的人生字典里没有"放弃"这个词。

重塑自我的人

萨沙·戈德伯格

"我尽一切可能活下去。"
[于2020年4月22日11时疫情禁足期间远程采访]

官方简历:
摄影师、作家

我在他身上看到:
幽默与庄严

出色表现的沃土

我来自一个特殊的家庭。因为母亲一家是犹太人，是匈牙利的贵族，而"犹太人"和"贵族"这个词通常并不能放在一起。我的外婆经历过纳粹主义和社会主义时期，结过四次婚，在那个时代是很少见的。1949年，她和外公在建起家庭工厂后，就匆忙离开了布达佩斯，去了瑞士，后来又来了法国，这是因为之前奶妈（被苏联秘密组织雇佣的特务）告诉她，第二天早上他们一家人都要被抓进监狱。母亲和我后来上的都是天主教学校。我们不能说自己是犹太人，我亲爱的外婆说我们必须这么做。

父亲出生于一个诺曼底小资产阶级家庭，一个特别传统的法国家庭。我的爷爷总让我想起电影明星让·迦本，他俩也是朋友。

所以，我是法国小资产阶级和古怪的匈牙利犹太人的结合。

父母双方家庭间的差异，也在我的工作中体现出来：原本不该放在一起的东西，我都会把它们联系在一起。最有力的证明，就是我的作品——弗兰德超级英雄。这些直接从美国文化里进出的超级英雄，他们的出现是为了拯救世界，是不可战胜的，始终处于动态之中，较为完美，沉着冷静，触不可及，我拍他们的时候重新采用了伦勃朗时期的明暗对比法。拍出来的感觉就好像时间静止了，显现出他们的脆弱、他们的弱点，一个短暂的瞬间定格了，那就是他们成为普通人的一瞬间。

父母在我2岁的时候就离异了。我是独生子，小时候，我给自己编了很多故事，杜撰出不同的世界。是母亲把我养大，教育我，她给了我成为一个男人所需要的一切。母亲在我5岁的时候改嫁了。那时，我和母亲，谁也离不开谁，只有她为我而存在。她用自己非常喜欢的精神分析学家多尔托的教育观来教育我。我还记得根据多尔托的理念我和母亲该分开的那一天，体会到了撕裂般的心痛。自那天起，我和母亲的关系就一直很复杂。在我的青少年时期，我们还会发生冲突，于是就由外婆来带我。我与这位与众不同的女人加深了关系，我们成了很好的伙伴。

外婆的故事，我知道的很多。她的父亲莱奥戈·德伯格是一个不同寻常的人。是他把小小的家庭织造厂变成了匈牙利的纺织业巨头。外婆出生后，他就跟自己的一个瑞典朋友讨论如何成功地教育这个孩子，因为前两个儿子的教育都很失败。朋友回答道："把她当无产者来养。"于是，他就派司机开公交车送外婆上学，课余时间让她去工厂流水线上工作。在家里，大家经常用幽默的语言交流，尤其喜欢玩文字游戏，这就像是我们的第二种语言。

我出生的时候是跟父亲姓比凯。外婆坚持让我进天主教学校，要我和大家一样。母亲有时说我有一半犹太人的血统，有时又说只有四分之一，这要看她的心情。她非要我看关于纳粹屠杀犹太人的所有影片，《夜与雾》《大屠杀》，还有其他的……大约在我13岁的时候，有一天，在教会学校，有人开始把我当作"该死的犹太人"来对待，还对我讲了一些有关集中营的恶作剧式的笑话。我只有两个选择：要么说自己不是犹太人，要么就背负一切。我是怎么做的呢？我戴起了六芒星，操起了"黑脚"腔。母亲幽默地说我们不是塞法迪犹太人，最好还是学学波佩克（Popeck）的口音。就这样，我开启了漫长的变化历程，从割礼开始。后来，我的小伙伴们给我取了个新名字，叫萨沙，作为我原先的名字亚历山大的昵称。我身着尚飞扬（Chevignon）牌羽绒服回到家，操着"黑脚"腔跟他们说以后别再叫我亚历山大了。你能想象到我父母看到这般情景有多惊讶吧？几年后，我出了一本书，署名萨沙·戈德伯格，用了我外婆婚前的姓氏。我本可以用外公的姓伯格（我母亲婚前的姓氏），但我觉得自己与外婆更亲一些，而且很为戈德伯格家族感到骄傲……这一历程以我正式改名为完结点。

我不是生下来就这样，也不是天生就会做这些。我创造了这一切。

父亲在我33岁那年去世，我们之间曾经有着很亲密的关系。小时候，跟所有离婚家庭的孩子一样，我每个周二的晚上都能见到他，每隔一个星期都能和他一起度周末。他棒极了，他最大的遗憾就是没能抚养我长大。我倒是很想他能看到我所做的一切，因为他非常热爱摄影和绘画。他很有创造力，跟他的家人几乎相反。他做出了一些选择，但没能一直走到底。他娶了母亲，但同时也把她关在了诺曼底。

小时候，我跳了级，并成为这种普遍做法的牺牲品，因为我在法文拼写上存在很大的问题，而且问题越积越多。我对上学一点儿也不感兴趣。父亲想让我读高商，我呢，想做广告这一行。尤其是看到服饰品牌蔻凯（Kookaï）大搞广告宣传，便产生了这样的想法。我画画不是很好，但发现自己很容易突发奇想。我很努力，且得益于父亲的一个想法，找到了第一份工作。那天，我俩在一起，旁边有一个巴黎水的瓶盖。那是广告词"巴黎水，很疯狂！"流行的年代。我把那瓶盖掰了一下，对折了起来。父亲拿在手上，说："好玩儿，像个嘴巴……"由此，我想出了"巴黎水，疯狂的笑"这句广告词。很大程度上就是因为这句广告词，我成功地收获了人生第一份工作。谢谢你，爸爸。

在广告学校读书的时候，我得到了第一份实习工作，在实习单位认识了阿兰——一个照相排字工。我们成了好朋友，他跟我说他很想成为编辑。那是我在学校的最后一年，我俩一起做了一本作品集，让他当了编辑。我们还开始以两人为团队的形式找助理的工作，那个年代还完全没有这种操作。

镜头回转，大概十一二岁的时候，我看了电影《初吻》后，平生第一次去了漫热舞厅。在门口排队的人中，有一个特别漂亮的女孩。我那时还从未亲吻过女孩子。在那个年代，一个男生想追某个女生，是需要朋友作为中间人，他们会去问那个女生是否愿意做那个男生的女朋友。我觉得自己就算追求漫热舞厅里最差劲的女生也会遭到拒绝。但那天傍晚，一个朋友走了过来，说他的一个朋友很愿意做我的女朋友。她正是我在门口排队时看到的那个特别漂亮的女孩。

找女朋友是这样，找工作，也完全一样。我和阿兰都梦想进菲利普·米歇尔领导的CLM-BBDO——全法国最好的一家广告公司。米歇尔是个创意天才，心理学家出身。他出类拔萃，做了最美的广告，其中就有KooKaï的广告。阿兰和我都不敢去他那里递交我们的应聘材料(包括作品集)。传言说，全公司的人都会来评判你的作品集，以至于应聘者人数大减。我们起初不想经历这种考验。拿着我们的集子跑了半个巴黎，人们都建议我们去CLM，于是，我们最终递交了自己的材料。我在CLM待了三年，后来的成就都源自那里，尤其是身上的那种竞争意识。我始终保留着那段难忘的回忆。

广告，就是些想法，但必须是出色的想法。一个纯粹但无的放矢的想法，是行不通的。

15年后，我决定去高布兰影像学院学摄影，将来做个摄影师，毕竟我一直都在广告界里兜兜转转。我一直保有在米歇尔那儿和广告业中萌生的创作激情，并把这种激情用到了之后所有的摄影作品中。今天，我常想象着把自己的作品串连成集，用它们来讲述最光怪陆离的故事。

出色表现的日常

我去哪里都会带一个小本子，记下自己的想法。我的一部分工作其实就是在制造幽默，这种幽默和我从外婆那儿耳濡目染来的幽默很接近。她今年101岁了，说话时总玩文字游戏，但一脸严肃。在我们家，一个好笑话一定要神情淡定地说出来。母亲也很有幽默感，但是那种比较文雅、比较有诗意的。当然还是外婆那种直接的幽默更容易明白。我外婆真的很会搞笑。

一天，我听了一段采访录音，采访的对象是法兰西喜剧院的一位演员。记者问他在台上独自一人表演的时候是否有乐趣可言。他回答道："一个人在台上的时候，面对的只有自己，那就是一场噩梦。一结束就开心了。"我在拍摄的时候也是一样，只有痛苦，很艰难，很耗体力。我聚焦我想讲的东西，同时也允许自己跑偏。

> 一切都应该是准备好的，但还需要来点神奇的东西。

有些时候，我的脑子在休息，我就什么也不做，非常喜欢这样。夏天，我在巴西的时候，完全不需要发挥什么创造性。但是，甚至就在这么原生态的地方，我也禁不住要创想一些新的故事。这种力量已经超越了我的意志。

几年前的一天，我在巴西的贾尼克克拉海滩度假，正在吊床里看书，突然，我的设计师给我发了条信息，说他在假期里觉得无聊，问是否还想要他给我做一身外星人罗斯维尔的服装。我当然说好，和他说完，我就开始想象能配这套服装的故事了：罗斯维尔用锅碗瓢盆袭击地球，他骑在漏勺上四处游逛，用吹风机把人类变成了仙人掌。

> 要是太在意故事的逻辑性，就无法去创想了。

创想的时候，我进入了一种灵魂出窍的状态，注意力很集中。我把很多能造成二律背反的想法串起来，这让我能够讲述和别人不一样的故事。就好像有两家人没什么交往，但最终生出来个孩子……一个与众不同的孩子。我做不到无中生有编出个故事来，但最终想出来的故事又总会偏离最初的想法。正式开拍那天，几个月来准备的东西汇集在一起就会产生神奇的魔力。

一切都是曾经想到过的。往往就是演员的现场表演会增添意想不到的闪光点。

我别无选择,只能前行。

我必须成功,为自己,也为我的团队。我只是人们能看到的那部分冰山。摄影师有很多种,有独自一人带着设备摄影的。而我,是跟一群个个都很有天分的人一起干,我们最后的影像常常会超乎我的预想。今天,我在拍摄过程中甚至都不用去管灯光,甚至连开关都不用按。我就做创意,并在整个优质团队的共同协作下以我们能做到的最高的质量完成作品。

我用很大的劲儿说:"要行动起来"。

出色表现的动力

母亲总是跟我说,一个"不"字并不是答案。她说如果我们真的想要做什么,一切都有可能。如果有人跟我说"不",我会继续。我家里人就是这样教我的。跟我共事的人都知道,如果拍摄过程中我们需要什么,哪怕是会让人觉得荒唐的东西，我们最后都能得到。我会想办法搞定。

"不"字，我不懂。

干这一行，必定要经历磨难，因为人们总是对你说"这不可能"。什么都需要去争取，所以，到开拍的时候，我已经精疲力竭了。但我拼尽全力也是为了整个团队能在更好的条件下工作。

  我不想到头来遗憾地对自己说，要是当初努努力会更好。

我害怕死亡，死亡会让我产生恐慌，一种彻彻底底的恐慌。如果我对101岁的外婆说："你要死了。"她会说："不，我不会死的。"而我，很怕衰老，尽一切可能让自己活着。蒂姆·波顿在《大鱼》里说，我们讲述的故事就是我们自己。我试着去讲故事，为的是让生活变得不一样。

  创想，是我找到的对抗死亡的最佳办法。

在电影院里，我不想看到现实。我非常喜欢科幻片。为了能跳出现实生活，我想要有人把我带去别处，带入那些积极向上的故事里。我在工作中拍的故事往往也是积极向上的，充满幽默气息。北非的犹太人不愿意谈论死亡，他们认为这会带来厄运。而我们阿什肯纳兹犹太人却经常谈论死亡，好像这样能保护我们，让我们免受死亡之灾一样。

用精神和幽默对抗死亡。

出色表现时

我感到欣喜若狂，有一种觉得自己特别强大的感觉。有了主意并知道这是个好主意时，我就会感到由衷的喜悦。

开拍时，我完全进入了灵魂出窍的状态。

我周围有50个人，但我的眼里只有那个在我面前摆造型的人。这相当令人惊讶，而且我还能从糟糕的状态中走出来，抓住魔力爆发的那个瞬间，结果往往比我想象得要好。

这一直都是个生死的问题。

半生半死是不存在的。拍摄工作结束后,我总是有一种被掏空了的感觉,需要几天甚至几个星期,才能恢复过来。在纽约拍完卢巴维奇派后,我就患上了肺炎。我的身体总有一部分会死去。在拍摄过程中,我没有时间去注意谁。那一刻,我拍的女生就好像是物品,拍完过后才发现她们很美。

后期修饰是最后一步。要是图片编辑得不好,没有恰到好处的色度,那就全毁了。如果出现这样的情况,我就会很难受,是身体上的那种难受。没别的办法,只能从头再来。

　　失败会让我很痛苦。

某些图片会很让人失望，还有一些会好得令人难以置信。我很快就知道了什么样的图片最能得到人们的赞赏。最令人愉快的时刻，就是人们在展会上第一次看到我作品的时候。需要一个特定的场合，这个特定的场合能让人们发表不同的意见。接受完考验后，我就会放松下来。然后，当我们做了一张好图，敲定、打印出来后，感觉真的是绝了。一旦工作结束，便满心欢喜。

　　很兴奋，几乎像生了个孩子。

肩负未来

洛朗·菲亚

"无论已经获得了怎样的成功,我做事的时候都始终严格要求自己,总是想做得更好。"

[于2020年3月23日15时疫情禁足期间远程采访]

官方简历:

威士迪(Visiativ)集团总裁、"法国企业运动"雇主联合会(里昂-罗讷)主席、Axeleo咨询公司联合创始人、未来企业(Entreprise du futur)创始人、晴朗生活(La Vie claire)有机食品销售公司董事、爱迪士(Aldes)室内空气技术公司董事

我在他身上看到:

一个守护体系的天使、团队的领头人

出色表现的沃土

我来自一个并不富裕的家庭。家里三个孩子，我排行老二，有一个哥哥，一个妹妹。母亲是家庭主妇，父亲是法国邮政电报电话公司（法国邮政公司的前身）的公务员。父母没有能力负担我们的学费。为了改变生存状态，他们必须特别努力地工作。

> 在我们家，成功的人生，就是成功的事业，通过事业实现成功的人生。

父母以身作则，他们很辛苦地工作。努力工作的这种价值观对于他们来说非常重要。我的一个叔叔是企业家，我跟他的关系很亲密。我哥哥常常让父母为他担心，因为他生活比较窘困。于是，我就想，我要让自己出人头地，不想父母像担心哥哥一样担心我。我很爱运动，即便个头儿不高，却酷爱篮球，还做了节目主持人。

> 我一直都想出人头地，想成为那个最好的。

上学的时候，我比班里的同学早两年读书，一直到高二都是这样。我如饥似渴,想学很多很多的东西。那时的我如同海绵,极其渴望吸收知识。我也展示出了一种很强的工作能力。但时间长了就不行了,因为我的注意力坚持不了太久。我感觉思维会从这里跳到那里,很难控制。但或许也正因为这样,我自然而然地练就了快速理解和快速做事的能力,把我能用上的注意力都用上。在对时间的管理上,我有很强的挫败感。比如,睡觉对我来说都是浪费时间。

浪费时间,是我无法忍受的。

家庭的经济状况让我学会了自己闯荡。我想在经济上独立自主,既能担负起挣钱的责任,又能有花钱的自主性。找父母要一点零花钱是很不容易的。我18岁的时候就有了一份兼职工作——分发广告报。早上,大家还在睡觉,我就已经出门了。四处分发完毕,8点半到校上课。我的第一辆车,是跟朋友合伙买的。我在学习上也很有自主性。比如,很小的时候我就知道我要不要复习,自己对自己负责。我很快就明白了分值比例是什么意思,明白了门门功课都好是没有用的,只需要在几门功课上下功夫。但我必须承认,对于之前的做法我现在后悔了……

出色表现的日常

我总是觉得自己需要表现得更加出色。无论已经获得了怎样的成功,我做事的时候都始终严格要求自己,总是想做得更好。这种感觉跟我在体育运动方面的感觉是一样的。

> 在我内心,有一种强烈的意识,那就是珍惜生命,要立刻行动。

正如人们所说,所有做过的事就不用再去做了。我觉得自己如饥似渴地想要做事。我想做很多事,既然我们在人世间的时间是有限的,那就要快速行动。然而,死亡却是我不太喜欢提及的一个话题。对于此,我有一种本能的排斥。

随着年纪的增长,原先那种超级活跃的状态越来越难再现了。我有很强的好奇心,想快速做事、快速切换,但感觉到自己不再像以前那样思维灵活、身手敏捷了。我试着在这方面下功夫。我抄近道,用经验和直觉来弥补,为的是能快速行动、快速抉择。丰富的过往经历就是可靠的基石,我深受裨益。开会的时候,我总是有备而来,上阵前，枪已经磨好了。我已经想好了我们能做什么，不能做什么，或者哪些事不能这么做。

我如饥似渴地丰富着自己的经历，这也让我精疲力尽。有什么东西吸引我，我就会很好奇，很投入，所以，我就能有出色的表现。

但我知道，随着时间的推移自己的学习能力在下降，也发觉自己做事的时候需要费一番力气才能继续保持出色表现。时间越长，要想达到和以前一样的出色表现就越难。在这种情况下，就需要经验和直觉的介入。智慧，就是不断地去适应新的情况。

从身体层面讲，我们并不是每天都有着一样的能力。所以，智慧也是一种包含身体和精神两方面的禀性。

出色表现的动力

所有这一切的主要动力，就是热爱。
于我而言，没有什么神秘的东西：最成功的人就是最努力奋斗的人。因为某些人对所做之事缺乏热爱，没有那么努力，所以别人就超过了他们。并不是因为我热爱信息领域，才有动力前进。我喜欢的，是信息科技改变世界的能力，而不是信息科技本身。信息科技是为实现出色表现和优化管理服务的。我学会了去领悟信息科技在人类的生活方式和改造世界的方式这两个层面上带来什么新的东西。总的来说，我始终会问自己这个问题："我们能用更少的东西去做什么更好的事？"

我喜欢节俭原则。一直有做到最好的执念。

节俭对一切都是有用的。比如企业，当然需要节俭，同时，用更少的自然资源也是为了保护地球，为了人类能够更好地生存。所以，科技创新如何可以优化配置，达到资源平衡，实现资源的平等享用，这是我一直在思考的问题。

出色表现时

我是负责开拓业务的。我很喜欢抓住机遇，寻找未来的发展方向。我觉得这能让我兴奋起来，让我的内心爆发一种冲动，萌生一些新的项目计划。要成为一个团队的骨干，就意味着要在开始工作前迸发出一个更利于工作开始的想法。

> 自项目开启之日起，我就确信能成功，因为我会适时调整，使其适应现有模式，符合现实需求。

我并不固守自己起初的想法，我会让它适应现有的经济模式。我看到很多年轻企业家无法适应环境，因为跟他们当初想象的不一样。他们都在做PPT，展示他们将如何拓展业务，还会做Excel表格，而我告诉他们要去跟客户交流，切身走进现实环境。

> 这种自我调节的能力，就是关键。但同时，我也有一种能把东西丢进垃圾桶的能力，我可以对自己说："好了，我收手。"

干我们这一行，需要做销售预测。从来都不会有第二次机会去给别人留下一个好印象,你必须能够在第一次约见客户的时候,就知道通过问一些开放性的问题去了解你是否能够做成这笔生意。我以前做销售的时候,如果感觉客户不感兴趣,就会很快地转移话题,我不需要花几个小时的时间做表格去分析。这种情况出现的时候,我不会久作停留。

我看到有太多的同事在细节面前陷入困境,而不是想着自己前进的方向。

太多的销售员无论现实情况怎样都会按部就班地继续走原定的销售程序,而我总是优化自己的时间安排。重要的,不是看目标,而是想着自己前进的方向,想着未来,善于为自己创造出色表现的可能。要大胆,要跳出来,去看看外面发生了什么,加入到一些群体之中,去寻找集体的智慧。

我不是在做金融,而是在创建未来。

精英

阿托恩

"我想成功的时候总能成功,用的也总是同一种方法。"
[于2020年6月17日17时采访]

官方简历:
演员、法国国家宪兵特勤队前队员、作家,著有《国家宪兵特勤队,一名队员的忏悔》《狼人》

我在他身上看到:
孤独的人道主义者

出色表现的沃土

我童年的烙印,就是家里有很多秘密。我是独生子,在家里总觉得自己是边缘人。父母跟我之间从未有过交流,一直都是单向接触:他们说,我听。母亲起初是一家诊所的会计,后来一步一步走到了行政主任的岗位上。她始终把工作看得比家庭重要。我把青春期遇到的问题说给她听时,她总是对我说,我应该庆幸自己"只有"这些问题。

父亲把一切都归于帕累托的二八定律,他总是把我放到占80%的一般人那一类中,为的是用激将法让我进入那20%的精英行列去领导全世界。他经常贬低我。成绩要是中等或一般,我就是蠢蛋,以后会连房子都买不起,而他也会不认我这个儿子。如果学得好,那纯属正常现象。在学校里,我需要每门功课都是第一名,包括音乐和体育。举个例子,他让我学了视唱练耳和古典吉他,其实我喜欢的是钢琴。因为音乐学院是精英院校,如果做不好,无论如何也得弄明白为什么做不好,并及时去纠正。

父亲以前想做宪兵,但最终做了传统手工业培训行业。后来,他参加了教师资格证的考试,顺利通过后成为一名细木工和工业制图教师。与他的哥哥和两个妹妹相比，他的工作有些小众。我呢，在父亲看来，应该成为一名军人、歼击机飞行员或者精英突击队队员。他很想我成为军官。对于他来说，失败是不可以去考虑的。我没做任何努力就参加了理科生的高中毕业会考，老师们都认为我一定过不了，因为满分20分，我平时只有6分或7分，但我知道我能过。我热爱的，一直都是格斗性的体育项目。

16岁时，我就知道我的人生将会是个什么样。

无论我走到哪里，都会想象着电影里的格斗场景，我想当演员。高中毕业会考结束后，为了能进国家宪兵特勤队，我需要一个美式拳击证书以丰富我的简历。于是，我获得了法国全国亚军，且入围了世界锦标赛。

小时候，我经常被人笑话。我听古典音乐，听布拉桑的歌。听皇后乐队的歌，在我家算是放肆的行为。家人给我听了太多的古典音乐和经典歌曲，听完歌我还得说一说歌词大意。我讨厌肖邦，但很喜欢莫扎特和贝多芬，我认为他们没有肖邦那么"腼腆"，他们更加自信，更"强"。布莱勒的歌我烂熟于心。着装方面，我喜欢鲜艳的颜色和格子。现在，我还是不能想穿什么就穿什么，但演员的身份能让我稍稍彰显一些自己的个性。然而，我并不是大家过生日时都会邀请的人……不管怎么样，其他人总会很快让我感到无聊。我喜欢有哲理性的讨论，喜欢学习。

> 如果不能让我有所收获，我就不感兴趣。

我一直都是那个把难懂的东西化繁为简解释给别人听的人。无论是什么问题，我都能很快找到解决办法。我有一些朋友，我们的友谊持续了近30年，我把他们拉来跟我一起做生意，因为我信任他们。跟他们在一起，我才愿意讨论。

我和爱人一起生活，有20年了。有两个儿子，一个14岁，一个16岁。我跟父母在一起的时候，我从来就没能做真正的自己。我跟他们说想要当演员的时候，很难说服他们接受我的选择。说要去国家宪兵特勤队，也是一样。我想他们是怕我失败。失败了，怎么办呢？我总觉得自己跟父母就是同租一套房而已。每次父亲回来时，我都得检查一下家里是否整洁。他做什么，我都得感谢他。他不知说了多少次"你忘了谢谢我"或者"你儿子忘了谢谢我"。奇怪的是，和父亲在一起，有时虽能想到一起去，但更多的还是彼此沉默不语……

我进国家宪兵特勤队的时候还很年轻。面试的时候，我完全知道自己想要跟他们说什么，而其他年轻人一般都不知道说什么。

测试我都拿了第一，对什么事我都不靠运气。

出色表现的日常

上学时，我习惯化繁为简，以便更好地记忆。想学些什么的时候，我会做很多类比。尤其是要让别人明白我是怎么理解的时候，我会打比方，举一些跟他们的生活息息相关的例子。

学习时，我总是会试着在已经掌握的知识里寻找它和新知识的联系，这样我就能理解自己还不懂的东西。

我总是需要根据目标和时限给自己定位，在一个良好的环境里给自己找一些榜样。榜样是怎么做的，我就结合自己的实际情况学着做。从很小的时候起，我就一直这么做。我想成功的时候总能成功，用的也总是同一种方法。有了目标，去实现它时就需要满足某些条件。我把需要满足的条件一一写下来，做到了就画个标记。要是行不通，我还有一些备用计划，但我总是更多地考虑原定计划。我对事情的发展作预估时依据的是墨菲定律，也就是做最坏的打算的那个定律。总是存在这种可能：事情会往不好的一面发展。所以，我给自己留有余地，总会考虑到失误的情况。

> 我接受失误。这是可能发生的事，我可以失误，但我知道我会再站起来。

自打我开始做最坏的打算，失败的情况基本上就少了。接受采访的时候，我会给自己减压，对自己说我是人，我可以犯错，对说错的话可以之后在社交网络上再做解释。而且，我很真诚，我知道没问题的，这也让我如释重负。今天，我想传达一些信息，我越放松，信息传达的效果就会更好。

在无奈时，我曾有几次打算去死。第一次是13岁的时候，我差点儿自杀。谁都没发现什么，我也真够奇蔫的。那时我成绩不好，父亲威胁我说如果成绩不能有所提升就把我的狗送人。由于分数提升得还不够多，我就准备剖腹自杀了，像那些武士一样，因为父亲说他们是非常勇敢的人。我写了很多遗言，但每晚都会因为觉得写得不好而烧掉，自杀也得精心策划一下。我还准备了粗麻布，为了不把周围弄脏。需要不留痕迹，这样他们也不用清洗现场。但我最终没这么做，因为父亲对我平时的分数还算满意，没有把狗送人。后来，在国家宪兵特勤队，组织上会跟我讲如果遭遇牺牲，会有什么要求。在我有孩子之前，我说的都是"如果我要去死，什么也无法改变我的决定"。

过去，我总是以时速300码的节奏活着，我相信那颗指引我的星。

出色表现的动力

现在，死亡对我来说已经不算什么大事了。我内心非常平静，因为觉得自己已经给孩子们良好的人生指引，把最基本、最重要的东西给了他们，并且已经给周围的亲朋好友留下了自己想说的话。

关于内心的平静和如何找到内心平静的方法，我有话要对他人说。

　　我善于用自己能做到的事来满足自己的欲望。电影是一种表达和交流的方式。我在特勤队工作时尽心尽力完成自己的使命，但由于在执行任务时受了伤，在颈部安装了机器，我就离开了特勤队，去拍电影。拍电影，正是我16岁时想做的事。

　　　　小时候留下的梦想脚印就在这里，现在我来了。

　　这个世界对我来说很特别。我觉得这既是我的世界，又不完全是我的世界。我在高空飞翔，有点儿像这个世界的观察员。在部队里，我们会说到"枪瞄归零"，就是使枪械的瞄准镜轴线与枪管轴线重新回归到平行的状态，即枪械重新回到原始状态。这也是我经常做的事，让自己归零。我很贴近大自然，觉得自己与万物同相和谐。每年，我都会去海边，会观察海浪。海浪是有节奏的，我与这种节奏完全合拍。我在内心记住这种节奏，每看一次海，对我的影响都会足有一整年。我也会用同样的方式去观察风。禁足之前，为了拍片，我去了趟洛杉矶，那里真的很棒，有很大的空间，还有当地激励人成功的那种价值观。拉斯维加斯人山人海，于是我去了死亡谷，我对自己说："这，就是我的世界。"独自一人的时候，我感觉很好。

就好像有人想把我放进条条框框里，但每时每刻我都在挣扎反抗，要从里面跳出来。

我总觉得有必要去观察、分析，让人们面对自我并把感受表达出来，这样的确可能会让他人不高兴。但我始终是善意的。我讨厌仓促草率的判断，讨厌不公正的做法。

我年底会拿到荣誉勋章。我是特勤队最厉害的狙击手之一，曾经打过难度极大的一枪就是证明。在执行任务的时候，我常常是领头人，这让我获得了不少奖章，有些人还嫉妒我，但这些奖励确实是我应得的。

我知道自己的价值，我知道我想去哪里。

我早就知道自己会比同等级的其他人挣得少，因为我不会顺利升职，到最后也就是个军士长。之前，一有什么不对劲，我就去找长官，对他说："在我眼中，我的将军，您真怂。"所以，军衔晋升方面，我等的时间比较长，长官经常因为我的日常行为（出言不逊，或许吧）和我的个人作风问题处罚我。唯一一次受罚不准外出，是因为凌晨四点在巴黎外环快速公路上超速。这次事件被认为是"有损军队名声"的……

有一天，他们邀请汤姆·克鲁斯来特勤队，因为他拍了《碟中谍6：全面瓦解》。我收到同事发来的一条短信，说："快来，你那么想当演员。"但其实只有贵宾才能去的。我没穿军装就去了，一进去就直奔汤姆·克鲁斯。指挥部的领导都很不高兴，因为这很失礼。但我就这么自然地走进去了，和汤姆·克鲁斯的交流也很顺利。我要求跟他合影，请他摆一个特别的造型。将军说我很不得体，还说我利用了特勤队成员的身份接近汤姆·克鲁斯，还不穿制服……但我得到了自己想要的。当他说我利用特勤队成员的身份时，我对他说："您知道我为我的国家献出了什么？您怎么敢这么说？！我兑现了自己的承诺，我受了伤还上阵。如果说我利用了特勤队，那其他人呢？我对特勤队忠心耿耿，退了休我也会用另一种方式继续效忠。您不要再这样跟我说话了！有一天，我会成为像汤姆·克鲁斯一样的演员，您还会想要请我来呢！"

出色表现时

当你对事物没有先入为主的预判而是接受其本来面目时,你会快乐得多。

在行动之前要观察,然后一步一步地前进。这个世界是复杂的,但如果我们在做一件事之前花时间去分析,就会让事情简单很多。我通常都很有斗志,而且会帮助那些士气低落的人。他们的消极心态其实是自己给的,而我总是在分析,让事情朝好的方向发展。我能观察周围的环境,知道谁可以和我一起分享这份快乐,谁是真诚的,谁是不真诚的。在弗勒里-麦罗吉这个城市,我需要朝一个挟持人质的人开枪,但不能让他丧命。部长下了命令,要朝他的脖子开枪,打断颈椎,不要立即击毙。射击的时候,我的意识高度集中。在此之前,每一步我都准备好了:在一位队友的掩护下前进,把武器藏在腿后,等待转移对方注意力声东击西的一举(用一只手扔个东西过去),然后射击,就像平时打靶一样。要是第一枪没打中,就再开一枪,但这次就是朝脑袋开抢了。接下来,解救人质,把武器放到安全的地方,打电话给律师,按照他的指示操作……所有这一切在我脑子里都是清清楚楚的。

如果是这样的话,我几秒钟就能完成任务。我的注意力高度集中在目标上,什么都不会让我停下来。

对于抓捕库阿希兄弟[1]的那个任务,我甚至做好了死亡的准备。如果我们中弹了,只要没打中动脉和骨头,就必须继续前进。脑子里肯定有一种无意识的成分,我们必须前进,就像无人机一样:无论什么样的天气,都得执行任务。有一天,我的车在高速公路上发生了360度旋转。时间变缓,我成功地在几秒钟内做了些技术动作,才让车回归正轨。这样的事情发生时,时间的脚步放缓,我每分钟脉搏80下,但觉得自己与正在发生的事件是和谐共处的。我能展开行动。

在我的脑子里,一切都是慢镜头。

一部电影的预告片中需要出现我的名字,于是,

---

[1] 注:《查理周刊》枪击事件的罪魁祸首。

我10分钟就选好了自己的艺名"阿托恩"。我做讲座之前，喜欢先观察一下全场。上场讲话的时候，我与听众的关系非常和谐，常常能把他们带到预设的目的地，能把我的信息以最恰当的方式传递给他们。我感觉到自己与听众之间产生了共鸣，我们同频，我们身处同一股力量之中。当有消极力量出现在会场的时候，我会加以制止，请这种消极力量的制造者，也就是那位听众或那几位听众，离开会场。

我去某个单位参加讲座时，处于一种倾听者的状态。我的心跳非常缓慢，我需要让自己与听众步调一致，才能达到预设的目标。

我会特别细心地倾听自己的内心，如果我想说的和之前吹风会上介绍的有所不同，我会毫不犹豫地说出去，因为我的内心不会欺骗我。

迄今为止，我所做的一切，就是行进过程中的一些步骤而已。我从来都没有完整地做成过什么，所以，我还没有感受到极大的喜悦。有很多小事证明了我走的这条路是有意义的，这给我带来了满足感。每一件小事就像一小块拼图一样，我对自己说："这个，到位了。"或许，当父亲最终认可我的时候，我会感到内心真正的喜悦。

> 我总是想着自己是否有用，我现在就在做自己应该做的事。我到了与自己的人生约定的地方。

出色表现的哲学

穆里尔·图阿蒂

"逆境造就了我。"
[于2020年4月23日16时疫情禁足期间远程采访]

官方简历:
法国Onepoint集团教育与创新合作伙伴、2002-2019年间法国以色列理工学院校长、罗盘与新浪俱乐部主席、法国国家功绩勋章获得者

我看到:
一个找到人生坐标的女人

出色表现的沃土

我是一个内心强大的婴儿。

我在以色列待过20年,经历过3次战争。我在复杂的家庭背景之下走出了自己的路。爷爷奶奶被送进了集中营,父亲是个因躲避战争被隐匿起来的孩子,从小就知道如何忍受缺乏亲情而产生的焦虑。母亲成年时还像个孩子,即便她自己并不想这样。她出生于阿尔及尔,在阿尔及利亚独立后,于1962年来到了法国。这种家庭经历在我的心中迸发出一种生存的力量,一种生命冲动,一种必须超越自我从而战胜自我、战胜命运的想法。母亲的经历在我身上重现:她14岁到了法国,但她并不想这样;我14岁时被逼无奈地去了以色列,我也不想这样。在那里适应新环境的那段时间,对我来说是一段艰苦的岁月。我不得不用希伯来语参加高中毕业会考,还得服两年半的兵役。

从童年一直到青少年阶段,我经历着一个孩子并不该有的经历。我没当过孩子。孩童时期的我就必须做成人该做的事,展现出我的远见卓识,对生活投入很多精力，肩负起成人的使命，哪怕并不情愿。这一切构成了我真实的人生启蒙过程。当初父母更期待的是生个儿子，我估计自己在母亲的肚子里时就曾经不惜任何代价地拼命死守过自己的女性性别。我的童年缺少亲情的呵护，5岁之前，没有人给我安全感。后来，我有了父亲的陪伴。他带我去花园，逛公园，看遍了巴黎的博物馆，那曾是我们周日的生活仪式，他对我的教育就是这样一路走来的。我曾经与艺术靠得那么近。

我是个没有安全网的杂技演员。

我要是摔下来，就真的摔倒了。我必须给自己（重新）编织安全网，是我，且只有我一个人来做这件事。但因为我懂得如何智慧地去看待自己的问题，我要是摔下来，也会根据加缪的思想给这一事件赋予一个意义。摔下来，也会有意义，因为它揭示了一个事实，那就是：我没有安全网，我随时都会死。所以，它给了我更多的力量让我活下去。我更愿意有什么东西逼着我活下去而不是给我判死刑。我是个没有安全网的杂技演员，我怕死。正是由于我想活下去，我就必须站起来，永不言弃。

我一直都活在生死线上。

在我决定回法国的时候，我终于成为心中的那个自己。因为在割断与原生家庭的关系纽带前，我并不是自己该有的样子。在以色列的日子是我人生中最灰暗的岁月，但也是那段时光造就了我，让我成长，它的的确确是我成长的加速器。要想重生，必须先为从高处坠落身亡并哀悼，但这种坠落同时也是生命冲动由弱变强飞奔起来的过程：虚无，空无，重新飞奔起来。而寻一条生路，需要给自己喘息的时间。在我出色表现的历程中，我总是徘徊在生死之间。

出色表现的日常

我塑造自己，为自己，也靠自己。

我身上可以被认定为成功的，与其说是技能，不如说是软技能。这收获于一种人生启蒙的过程。人总是能在逆境中展现自己。当你在逆境中前行时，你会寻找人生的意义，寻找爱，你还会在生活中缩小存在与虚无的差距。我们都是虚无的存在，于是，我努力地缩减我的人生本质与非本质之间的差距。

我要去征服他人。

我做事往往凭直觉。一个人要是能与自己的所有感官相处得和谐就算真的成熟了。五种感官需要真正地参与进来，而且，我认为情感上与直觉上的智慧也需要与理性的智慧相和谐，要找到这种平衡才能对困难不屑一顾。一个人在能够从容地显露自己的性别而毫无心理障碍的时候，才算是真正成熟了。我需要挖掘自身原本藏而不露的宝藏，去真真切切地展现自己。

我们身处于一个会让人产生心理障碍的社会，这束缚了人们的自由。

自由意志和全然觉知是与自我和谐共处和打破心理障碍最基本的元素。简化这一概念，在我看来，是最根本的，需要将事情简单化。

我如何解构人们想要强加于我的说法呢?

为此，需要很多勇气，不能满足于自我安慰，而要诚实地看待自己，要看到真实的自己。要想着如何完善自我，以便能够去寻找自己的梦或开启实现梦的征程。我寻的梦不会跟你一样，那我是否应该接受本不属于我而是社会强加于我的启蒙之路呢？我一直都在追寻自由的征途上。在我心里，决裂总能让人长知识。

我们常常会因为懒于启动智慧而成为现在的自己。我们舒服地倚靠在社会对我们提出的要求上，这让我们无法对自身的过去和未来负起责任。

出色表现的动力

是不稳定的平衡让我有了出色的表现。

这是我边缘性人格的一面。一切都在于我喜欢冒险。我在法国以色列理工学院做了17年的校长。从某种意义上说，我建构的叙述是以"我"开始，也是以

"我"结束的。52岁的我，全然有意识地去做决定，完全拥有自由意志，完全真实地走向另一个领域(Onepoint集团)，即便我知道这是一个未知的领域。我知道会有危险，我有这种冒险意识，即便这与业已确立的生活准则和习惯格格不入。这些准则和习惯虽能令人心安理得，但在我看来，却也能熄灭生命的火花。

  我从未真的怕过什么，战争、以色列、伊拉克的飞毛腿导弹、新冠疫情……就好像因为碰不到让我害怕或感觉危险的事，我仅仅和它们擦肩而过。

我在Onepoint集团的工作，把我在以色列理工学院和在法国见到的事物联系在了一起。以色列理工学院，是科技和创新。法国，在科技和创新方面仿佛一切具备。Onepoint让我想起以色列理工学院那种超越自我的特点。我与这个集团产生共鸣，是因为它与我的价值观相仿。当然，刚到这家集团工作的时候，我还是需要学一些技能。但始终让一个人跟别人不一样的，是软技能。

我在态度上不做任何妥协，因为不想制造谎言。

出色表现并不是一个自我的故事，而是一种让自己身处于整体系统的动力之中并为人类做重大贡献的能力。我搭建过桥梁，寄希望于用减少自身投入力度的方式启动整体系统的动力，为的是让他人能融入进来发挥自身作用，同时用前景预测的专业方法预计他内心的期待。在以色列的时候，我就必须解构典型的建构方式，为的是使他人能够接受，而我也可以看到意识中根深蒂固甚至是祖祖辈辈传下来的思维模式。这，对我来说就是出色表现。摆脱自我的束缚甚至都不是问题。在我身上，哪里都没有自我束缚，这就是我曾经拥有的实力，也是我如今的实力。

当你处于自我之中，你追寻的就是身外之物。

出色表现时

就好像之前带着锁链的我如今挣脱了锁链一般。

出色表现的时候,在精神上有一种很大的自由,就像被松了绑一样。我会突然感到内心充盈起来,就像一个填满虚无的存在,而这正是我所追求的。从被绑到松绑,获得真正的自己。我觉得自己处于全然觉知的状态,突然感到自身是一个充实而完整的个体。充实,是因为被填满,也是因为自由,且完全觉悟到这种自由,同时自身强大而能自控。这种充实让我能够与自己重新建立连接,而这就是全然觉知的状态。

　　我一直都很自由、很自然地做自己,在这一

点上我不会改变。

一旦出色表现如期而至,我就会想方设法踏上新的征程。满心欢喜的状态并不会持续下去,而是会把我送上另一条追寻出色表现的道路,因为那是一种对自我的追寻和征服。出色表现不是最终的结局,它仅仅是人生经历中的一个阶段而已。

说到底,我们必须一次次重生。每一次征服都是一次重生。

原子弹

劳拉·雷斯泰利·布里扎尔

"永远不要让自己想偷懒就偷懒。"
[于2020年4月25日15时疫情禁足期间远程采访]

官方简历：

国际商务律师、Poly-Ink公司创始合伙人兼董事会及执行委员会成员、多家公司董事、女性与治理思考俱乐部联合创始人，《法国名人录》《世界名人录》《21世纪杰出知识分子名录》联合发起者

我在她身上看到：
坚定

出色表现的沃土

我是米兰人,出生于一个中欧跨国家庭。在我看来,一个人的家庭背景很重要。我的父母很不一样,母亲从未工作过。在那个年代,出身好的女子都不工作,她们走出闺房的时候就是出嫁的时候。母亲本想让我走她的老路,也就是让我跟她一样,做好准备,只为嫁人、持家带孩子、接待客人,等等。父亲则持反对观点。我在性格和人生观上很像父亲。直至今日,他一把年纪了,还是能很轻易走进他人的世界,很想创作,想有作为,向前进。我感到自己与父亲的心是紧密相连的。我在家里是老大,是一个女孩。父亲很喜欢女性,尤其是那些"女人味十足"的女性。我们父女间这种特殊的纽带是我实现宏伟蓝图也是实现自身价值的动力。父亲如今已有87岁高龄,但仍然精力充沛,激情澎湃,尽管他也很遗憾在20岁的时候没做什么计划或预想……他曾是我人生中杰出的榜样,直至现在依旧如此。所以,父亲的教育一直都在潜移默化地影响着我,我一直都很排斥母亲的价值观。我从来都没有想过要成为完美的家庭主妇,尽管我认为自己已经拥有了这一能力。从很小的时候起,我就总是下定决心要实现雄心壮志,这与父亲的想法也是一致的,他认为:

出色表现要体现在工作和其他一切事务中。

我感觉无论要做什么，都得做好，甚至做得非常好，也就是趋向完美，我就是这么成长起来的。把事情做好，不是为别人，而是为自己。从很小的时候起，我就拒绝去做母亲想要强加于我的事情，如刺绣、烹饪等。但我会很自然地接受父亲自我5岁起就敦促我做的许多运动项目，包括集体项目和个人项目：篮球、网球、滑雪、击剑和马术。后来，我又学了赛车，对这一运动项目的热情也是来自父亲。正是篮球这一运动把我送上了出色表现的道路，因为父亲总认为这是一项非常健康的团队运动，只有在全队成员完美协作的前提下才能获胜，而足球则相反，可以只寄希望于一个明星球员。父亲还传给了我一个理念，那就是即便我们有才华、有能力，也只能通过认真努力地工作取得成功。对于自己的才华，如果想取得成功，我们需要懂得如何去运用。父亲一直都很努力地工作。晚上，他从来不会在八点半之前回家，周六还在工作，这在那个时代是很罕见的。但周日，他会跟家人在一起，带我们参观各种博物馆（尤其是科技类的），早上还不忘去做弥撒，下午会去看篮球赛或赛车。有一句话伴随着我的成长，也是我做事的原则，那就是："不要把今天能做的事拖到明天。"永远不要让自己想偷懒就偷懒。

> 你不把事情推到之后再做，就会专心致志。

父亲每天中午都回家吃午餐。如今，我很珍惜这些一起吃午餐的时刻，因为那是一种口头传授的教育仪式。用餐时，和父亲的对话会涉及很多做人的道德与原则，虽未明说却能意会。父亲总会在说完一件事后做一番哲理性的总结，得出一个道理，但那并不是说教。他相信谈话和交流有着神奇的力量，他在我认识的所有人中是最有包容心的。他信仰宗教，总是愿意去了解更多的东西，他有着极为开放的思想，和我在一起时，从来都不会态度强硬、决不妥协……于是，我也这样对待我的儿子亚历山大，甚至有过之而无不及，他今年已有18岁了。父亲是那么的有分寸，在我这么多年教育儿子的过程中也给我提了不少明智的建议，着实帮了我很多。他是一个从不缺席的父亲，是一位"教育者"，是高水平的心理医生，直至今天依旧如此。我长大后才发现，原来在他的书柜里有很多书，都是教人如何做好当父亲这一角色的。

我一直都是个好学生，一直被这一角色定位推着走到了学业的最高峰。在意大利，我上了传统高中（文学方向，学希腊语、拉丁语……），但选择了"德语+英语"的国际班。在那个年代，人们都认为这是最有前途的专业方向。我还记得，要选择上哪种类别的高中时，我的老师们嘴角都会挂着一丝笑容，对我父母说："劳拉除了教书，什么都能做！"他们发现我的思维很敏捷，更喜欢学习而不是去传授，喜欢快速学习且希望事情快速进展。很显然，在这种情况下，我并不倾向于教书，因为我太急于学习。

在我的生活中，速度一直都是非常重要的。

写作对我来说一直都很容易。高中毕业会考通过后，我打算先读预科再考高等师范，或者读现代文学，以后当作家或记者。父亲觉得这与我活泼的性格不怎么相符，而且在成名之前，很有可能最终满足于当教师。我还记得我准备填报现代文学专业的前一晚和父亲的讨论，他并没有用很直接的方式完全坦露他对我的看法，而是说："你选择现代文学是对的。你逻辑性强，写作也好。但我很遗憾不能帮到你，因为我只是个商人，没进过知识分子和记者的圈子。在等待成名成家的同时，你需要做好准备去当教师，最好准备面对微薄的薪水和成名前漫长的等待。万一……但没关系。对了，你还记得我们的朋友（×××）的儿子吧?他也想当作家。他报名上了法学院,因为想着等待自己的文学作品大获成功的同时,当律师能更好地谋生。晚安。"那天夜里,我做了噩梦,梦见自己带着尚未实现的作家梦过着本不情愿的教师生活,处处遇困。第二天早上,我就填报了法学院,想着这样可以挣钱养活自己,还可以继续我的写作梦。父亲的做法很明智,我还真的继续写作了。但最后,除了在专业领域发表了一些文章,我从未感觉自己有发表其他作品的渴求。

> 我很年轻的时候就成熟了。

因为我想快速学,所以那些年长于我的人总能吸引我。后来,我才明白,跟那些年长者在一起的经历让我的思想有了深度,使我的心理年龄有所增长。

出色表现的日常

> 我要求非常高,但这是因为想要有出色表现,这有积极的一面。

我真正的喜悦,是在成功地为集体创造出什么的时候。当我成功地把自己创立的新兴公司推上市的时候,我很开心。因为我创造了一种打破现有做法的理念,一种面向世界的开放思想,还建立了一些伙伴关系。是我,但又不仅仅是我成就了这一切,因为这是团队共同努力的结果。那个时候,这还让我思考自己在幕前到底应该"出现还是不出现"的问题,因为我一直都在负责幕后工作。当然,有人说我好话的时候我也会很开心。在公司上市的时候,我们的总裁兼首席执行官当着3000人(银行家、商业人士、记者等)的面彬彬有礼地说:"我必须感谢劳拉,没有她,这不会成为可能。"

我一直认为按部就班和才华横溢是不兼容的。

我认为自己天生具有一种很强的凭直觉做事的能力,我正是凭着自己的直觉实现了一些想法。这跟按部就班的做法有些相反,按部就班的做法当然很稳妥,但并不适合我。我的思考和按部就班的执行程序存在时差。我觉得自己之所以有谈判协商的才能,多半是因为自己的直觉。我对遇见的人,只需几秒就可以全面了解。我是个凭直觉做事的人,不是说我做事很仓促,而是我凭直觉感受每个人。

但与此同时，我也是很注重经验的。我现在遇到事情的时候，就会有跟年轻时不一样的反应。刚开始工作的时候，我凭个人的直觉去分析情况，但除了借助技术工具，没有经验可以用得上。现在有了经验，工作起来就更顺畅了。

并不是因为我们凭直觉做事，就一定会去冒不该冒的风险。

我会快速整理接收到的信息，并快速采取行动。但我从未丧失理智，冒不该冒的险，无论是在个人生活上还是在职场上。即使是开快车，也总有一个限度。

重复能让传承通过自动化的进程而变得根深蒂固。

我认为保持沟通是非常重要的。以前在父母家，吃饭的时候就是父母对我口头教育的时刻。我跟我的儿子也会这样，无论在哪里，我们的用餐时刻都会在优美的环境中美美地度过，为的是能有更深度的沟通，即便这听起来是自相矛盾的。一家人一起吃饭谈心，是我所受教育的一部分，这已成为一种家规，一种习惯。

出色表现的动力

> 我是发电机,是"向外输出"的,但收获的快乐从来都不是一个人的。

我认为出色表现者是否过于自我的问题是个伪论题。从个人角度讲,我在和他人相处的过程中可以充分地实现自我,就像大多数出色表现者很可能经历的那样。随着年龄的增长,我接受了自己与他人的差距,接受了成为一个领头人、领导者带领大家一起干的现实。我的动力,就是创造,和他人一起创造,并成为他人的动力。

我感觉他人偶尔甚至经常会对我的潜能做出评价反馈。大家觉得我是一个在任何情况下面对所有问题都能拿出切实有效的具体解决方案的人,这就是人们对我的期待。我会5种语言,而且说得都很流利:意大利语、法语、英语、德语、西班牙语。我坚信,会说多种语言的人能避免只想到自己的国家、自己的文化,因而也能避免只想到自己,不会把自己视为世界的中心。

> 速度,一直以来都是我生命的一部分。

我做决策的速度一向很快。我练的那些运动项目教会了我如何快速分析局势，快速做决策，这是成功的钥匙。获胜，就是以比对方更快的速度采取正确的策略并加以实施。以前打篮球的时候，我是"play-maker"，负责进攻的选手。这种快速分析和实施的能力，往往会在一定程度上使得其他人都依赖我替他们做决定。

速度快能让我成功，能让我比别人快，从而获得成功。

我行动快，是因为我思维敏捷。小时候，我就想快快长大。在身边陪伴我的人年纪都比我大，这也是一个让我加速成长的因素。他人的经历和生活方式都给我带来了潜移默化的影响。我和他们虽在生理年龄上有差距，但在心理年龄上是一致的。父亲是方程式赛车迷。我是米兰人，意大利人。意大利是跑车的故乡。我超爱赛车的速度，拿驾照对我来说只是一种形式上的手续罢了。我没去驾校学习就通过了驾照考试，因为我16岁就已经会开车了。

这种对速度的渴求是朝向生的一种运动，但我可以理解为最终是为了不让自己被死亡的魔爪抓住。

有人说，做事快很可能是一种更长久地享受生命的办法，能获得更加充实的人生。也许享受生活或逃离死亡，或许终归是一回事，只是说法不同罢了。但我并不这么想。逃离死亡，好像心里害怕。而我并不害怕死亡，除了在想到要对儿子负责的时候，因为他还没有成人。我一直都在做自己想做的事，没有任何遗憾。快，也是我与生俱来的一个特点，新陈代谢很快，有点像"甲亢患者"。我能量满满，用完后能量很快涌现出来。所以我燃烧了很多脂肪，不会变胖。当我的肾上腺素达到峰值时，我就会有非常出色的表现。

我说话快，走路也快，显然是个极度活跃的人。

无论做什么，我都想快起来。朋友们说："与人交往的时候，需要花时间去互相了解……"但我对这句话并不赞同。你只有快，才能比别人先到达目的地。你的成功当然是跟某些人的失败联系在一起的。因而，比别人先到达目的地。这与另一个观念不谋而合，那就是不把今天的事拖到明天，始终让自己提前一些，始终预计未来，也就是超前。

我从来都没想要第一个实现，但我一直都想要成功。所以，这必然使我比别人先到。

出色表现时

出色表现时，我很愉悦，我笑得很开心，心情非常好。在我的职场经历中，总是有许多欢笑，大家都很兴奋。有一种赞扬的话，我听了很开心，那就是我把他人带到了我的欢乐里，让他们快乐起来。这就是我的性格，也是我生命的一部分。发挥创造力的时候，把大家团结起来去实现目标的时候，我肾上腺素就会飙升。

我兴奋过头的时候效率更高。

我对自己有着很高的期望和要求，对他人也是一样，为的是达到一种完美的境界。完美会给人一种生理上的愉悦，能让身体为之震颤。取得成功的时候，我会用很夸张的动作来表达我的喜悦之情。

出色表现是与快速决策联系在一起的。

举个最简单的例子吧。我现在住的公寓是我刚到巴黎时买的第一套住房,这是我在售房广告里看到的第一个房源,也是我现场参观的第一个房子。一进去,我就说:"就是它了!"第二天我就向卖房人表达购买意向。当然,我本可以继续看房,试着去找一套完美的公寓,但我的快速决策让我拥有了一套非常舒适价格又相对较低的公寓,更重要的是,它很适合我。

追求完美会对出色表现构成阻碍。

当然,快速评判有利有弊,需要找到平衡点。但我总有那种感知风险、计算风险的能力,这种能力是与生俱来的。

冒险的人会一时失足,而不去冒险的人一辈子就完了。

——索伦·克尔凯郭尔

"感知",其中有直觉,首先是换位思考。谈判的时候,你需要明白对方是怎么想的,做到了这一点,你就赢了一半了。"Put yourself in others' shoes."(设身处地为他人着想）像我这样的人就不相信按部就班能铸就奇迹。快速思维与按部就班不合拍，虽然对于另外一些聪明人来说，按部就班可能是必要的，但对我来说，是难以理解的。谈判时，知道我对面的人是谁并做出判断，这对我来说很重要。我可以在某些点上作出让步，因为我上来就会把它们作为重点展示出来，但在关键点上我从来不会让步。所以，在谈判中，弄清楚对方眼中的关键点很重要。为此，有必要用上我们的共感力，也就是直觉。

> 成功的时刻，就像有了一种未来视野，在做一个梦。我能直观地看到我想要的，不给自己设置障碍。

我记得在1999年，我还很年轻的时候，我创立了一家新兴企业。我跟董事会成员和合伙人说我们要去亚洲，这至关重要。而要想使我们的公司成功地在亚洲开起来，就必须去中国香港。于是，我们需要在香港找到最有权威的人帮助我们。当时，无人信我。为了说服董事会，我百般争取，为了找到对方的联系方式，我想尽了办法，最后终于获得了一次在中国会（China Club）餐厅与那个能帮我们实现梦想的人共进晚餐的机会，当然那是个非常重要的人物。餐桌上，我们立即就达成了共识。晚宴即将结束时，双方握了手。我很肯定自己可以做到，因为我非常确信这是一次双赢的合作，在会面之前就已经预料到了。

> 提前清晰地看到未来，无论是战略、有待开发的商机，还是商业梦想的实现，清晰得以至于我都没有必要去准备细节，没有必要按部就班地前进了。

我不操心具体操作的程序，不操心怎样把战略落实到细节中，那是管理团队的事情。当然，我之后也会跟进项目的实施过程，尤其会跟具体负责的律师紧密合作。但项目的管理，还是由具体操作部门负责。我们根据自己的专业和权限各司其职，这就叫团队合作，是成功的秘钥。因为，单枪匹马无法成功。

> 后续的事情我不关心，因为对于我来说就是机械的操作，不再是梦想了。之后，我会启动下一个项目。

白兔先生

朱利安·傅尼耶

"做得越顺畅,我就越能创造奇迹。"

[2020年9月24日15时于朱利安·傅尼耶工作室采访]

官方简历:

高级时装设计师、朱利安·傅尼耶品牌和达索时尚实验室联合创始人、时尚科技孵化师2000年

酩悦香槟巴黎时尚大奖获得者、2010年巴黎设计大奖获得者。自2017年1月起,

朱利安·傅尼耶品牌正式跻身于高级时装界

我看到了:

魔力的化身和一个会讲故事的人

出色表现的沃土

我于1975年出生。母亲一家是西班牙后裔,在佛朗哥统治时期以政治难民的身份来到了法国。外祖父起先在西班牙是做矿工,最后在德瓦纳多建筑公司做到了工程经理的职位,他曾和许多大名鼎鼎的建筑师们共事,比如勒·柯布西耶。他有很强的学习力,起初不懂法语,后来可以流利地讲好几门外语。外祖母来自一个人口众多的大家庭,她的母亲是一个专门做紧身胸衣和长裤的裁缝。后来,外祖父和外祖母结了婚,他们一同来到了巴黎。外祖母起先过了一段辛苦难熬的日子,后来突然就有了很多钱。外祖父也总想把事业做大做强。他白手起家,打造起了属于自己的一片天地。随后,他开始转向艺术和人文领域。他是个无政府主义者,特别希望让女儿们有读懂文化的机会。我的母亲尤其幸运地穿上了高级定制时装。于是,母亲继承了这种高雅的生活情趣,她喜欢缝纫,喜欢在餐桌上呈现精美的摆设,还无法自拔地爱上了玻璃和水晶器皿。父亲一家,以前在摩洛哥。祖父掌管着卡萨布兰卡最大的几家制革厂,那个年代,人们可以经常展示自我,实在幸运。祖父常常设盛宴款待宾客,还在宴会上唱美声。祖母高雅华贵,深知会客之道。父亲早年的生活有点像在摩洛哥的生活方式：他喜欢娱乐，曾经组建过一支摇滚乐队，还以吉他手的角色与黑袜乐队一同登台……后来，我的父母擦出了爱情的火花，彼此吸引，走入婚姻的殿堂，周围满是音乐、优雅和梦想。现在也一样，风和日丽之时，他们会在花园里摆上烛台，将餐桌精美地布置一番。母亲穿上漂亮的连衣裙、涂上口红，把自己打扮得楚楚动人。他们把音响声音调到最大，一起一边听着古典音乐，一边玩槌球游戏，直到夜幕降临。他们的生活就是我的理想的生活典范。

父母做出了典范，他们让我相信生活有着神奇的魔力，优雅与格调无处不在。

当我来到戈内斯[1]时，我年纪很小，在学校里还跳了几级。到了这样一个郊区，感觉很突然。家里有一个大花园，我进了一所小学校，不太理解所发生的一切。校园里暴力横行，于是我开始自闭。家人让我学古典钢琴，我一直弹到25岁，逢比赛必参加。他们把我推上了这条路，因为他们自己就很有音乐细胞。我也常常画画，画很

1　戈内斯（Gonesse）是位于法国巴黎东北部郊区的一座城市。——译者注

多画，3岁开始的。小时候经常画米奇，他们在我的笔下很快就变成了一个个公主，迪士尼对我来说是绝佳的老师……有意思的是，前不久我们刚刚与迪士尼公司建立了合作伙伴关系，这曾是我的梦想！

我画画，在班里名列前茅，是个独生子，是"非常完美的小童子军"，钢琴弹得特别棒……我不懂郊区的规则，因为父母是在一个神奇的格调高雅的茧里把我养大的，在那里，餐桌上每晚都会摆上蜡烛，很漂亮，会让人漫天随想。每当我讲述这些的时候，没有人听得懂。还有，我的姨妈海伦总给我穿威尔士亲王格纹西装，而别的孩子穿的都是运动服。那时的我就是一个另类，我也不知道为什么自己没有朋友。父母总对我说："没关系的，以后会有的……"这让我很难过，于是在某些事上索性放了手。我的成绩退步了，为的是让自己进入正轨，那是8到15岁的时候。我培养了这种自己让自己变得更有创造力、更与众不同、更出色的能力，而有些看我不顺眼的人并不知道我是谁。

> 一个与众相异之人，一个战士，其奋力拼搏的一面会迫使其在混战中保持超脱，不断地挑战自己的观点，说出自己的想法。

出色表现的沃土，就是家庭，一栋位于郊区的特别漂亮的家宅，那里有我父亲种植的法式花园，而且父母经常给我讲故事。所以，我意识到其实是那段时光滋养了我，因为我常常幻想一种生活，因为在学校里每天的生活并不美好。幸运的是，晚上我可以回到一个与外界隔绝、备受保护的地方。在那里，我可以做一个琴艺娴熟、画技高超、学习很棒的孩子，满腹深情的父母总对我说（说这个很重要）："你是最高、最帅、最聪明的。"但这并不意味着我不需要有出色的表现。我需要一直有好成绩，有时也会受到批评。但也有烦恼的一面，我时常感到很无聊。对不感兴趣的事，我不会去做。说到法语，我的语法和拼写都很差，但我喜欢写作，喜欢讲故事。

技术，一旦掌握了，我们就不重视了。

我不喜欢学东西的那种方式，因为太刻板。我通过了高中毕业会考，但对绘画依然抱有一线希望。接着，我报考了医学专业，一下就考上了。后来，情况变得很糟糕，因为我太胖了，所以我很不开心。我就去找父母，我想换一种活法，想成为一名时装设计师。他们则很直接地告诉我："那我们就帮不了你了。"父母在这一领域没有熟人。父亲曾是巴黎最大的眼镜商之一，是一位优雅的绅士，永远都是威尔士亲王格纹西装，早上6点起床，领结、大胡子和小眼镜是他的标配，这就是来自他本身的优雅。母亲则可以让身边的一切充满魅力，哪怕有时在预算上有困难。神奇的魔力永远都在，无论过去还是现在，他们一直是令人惊叹的绝佳夫妇。他们彼此相爱，是为爱着迷的一对。

于是，我参加了一个公立学校举办的应用艺术专业考试，录取名额有限，而我通过了。700人报名，仅录取70人，我排在第65位。得知这个消息后，我父母说："好吧，你是为时尚而生的。"我终于获得了"圣杯"，可以学习自己喜欢的专业。学医的时候，早上8点开始学习，凌晨2点结束。在医学专业，时时刻刻都得学习。

> 我也想时时刻刻都在学习，但要为了自己的爱好。

然而，学时装设计的时候，我9点到校，老师们则10点才到校，总体上呈现出随意的态度。在我看来，这里似乎没有规矩，尤其是和我在医学专业的学习经历相比。我心想："难道我所做的一切就是为了这样的学习生活！"我可是想通过时尚去改变世界的。

于是，我又去跟父亲、祖父和外祖父说："这里有问题，我要去巴黎时装工会学院读书。"那是一所私立学校，要付学费。让-保罗·高缇耶、高田贤三、伊夫·圣·罗兰等都是在那里毕业的。但是我交不起学费，于是，祖父和外祖父给了我一个解决方案："好的，我俩每人出三分之一的学费。"我的西班牙外祖父出三分之一，祖父出三分之一，剩下三分之一我得自己想办法。我找了份服务生的工作。钱很快就赚到了，而且并不需要干太久，也不再需要祖父和外祖父的资助，因为读二年级的时候我去了迪奥公司实习，那时约翰·加利亚诺是总监。自第二学年开始，我就和学校达成协议：我继续在学校学习所有的专业课程和技能课程，但跟创意有关的一切统统在迪奥完成，还有报酬。于是，我可以自己支付全部的学费了。离开迪奥后，我去了纪梵希，毕业后又去了让-保罗·高缇耶。要知道，我以前经常在地铁里涂鸦，画身材高挑的巨型女子，画俊美的痞子，将其称之为"时装界的罪人"。现在，我变得规矩了，但还是很喜欢涂鸦。若你们给我几面大墙，我就会去创作，有时这也会让我苦恼。那是在麦当娜全力进军亚洲市场的时候，让-保罗·高缇耶对我说："你那么喜欢涂鸦，我需要在和服上绘制巨龙图样，然后再和斗牛士服的上装混搭在一起。"但我可是有着西班牙的血统啊！

……高缇耶需要我的时候正是我状态最佳的时候……于是,我就会倾其所有。

后来,我做了克劳德·蒙塔纳的助理,在这位伟大的设计师最后几年的工作中和他一起共事。所以事实上,我先是遇到了颠覆性十足的约翰·加利亚诺,接着是对暗黑痴迷的纪梵希的亚历山大·麦昆。后来,我去找了让-保罗·高缇耶,最终在服装设计师克劳德·蒙塔纳身边谋得一职。我具备这样一种多元性,而且一直不断地去接触不同的品牌,为了工作,也为了定义自己,因为我会说:"我非常喜欢,但这个我不喜欢;要是我的话,不会把这个做成这样……"

凭借这些经历,我和朋友让-保罗·科文创建了属于自己的时装工作室。我创作的第一个时装系列名叫"最初样式",灵感来源于女性的纤弱之感。一切就这样开始了,我忠诚的朋友们也来帮我。

杰奎斯·菲斯,是我绝对的偶像。他喜欢大型舞会,喜欢化妆舞会。我的梦想就是有一天能像他一样,而不是做公关和谈生意。愿所有人都很美、都幸福,只有派对、魔力和梦想……在我们这个时代,整个世界都需要我们讲故事……我想讲故事,想打造名人和大人物,自从我明白了这一点，设计时装的时候总会有前所未有的快乐。我的作品也越来越美了。

不要赶时髦，要顺从自己的命运。我的口头禅，就是"寻找你自己的传奇"。

出色表现的日常

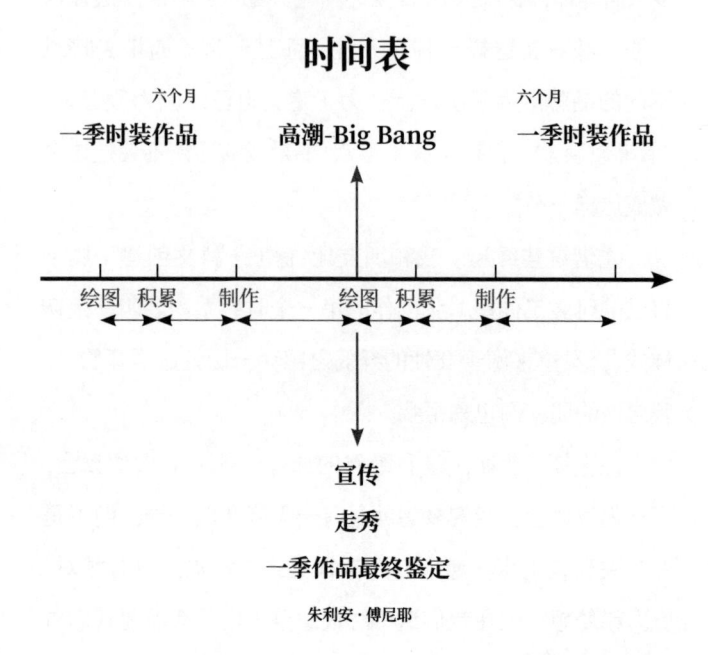

时间表

六个月		六个月
一季时装作品	高潮-Big Bang	一季时装作品

绘图　积累　制作　　绘图　积累　制作

宣传

走秀

一季作品最终鉴定

朱利安·傅尼耶

我分不清m和n、p和b，还有诵读困难。我把话反着说，就像《爱丽丝梦游仙境》里生日会上的台词。但人们并不在乎这些，毕竟，这样还可以创造出一些新词来！我们做什么都可以有创造性。

因为我只做高级时装，所以每年只办两次服装展。有一个阶段，也就是款式初具形态的第一步，我称之为"积累期"，即需要找到衣料，开始刺绣，开启皮革面料的处理工作……这是属于超能力的范畴。我了解自己的绘图工作，要把自己对事物的看法变成现实，也就是说需要思考如何让"艺术"变成工艺流程。然后，就是制作阶段。再然后，就是最后三周，我们排演或拍摄预告片，和媒体见面，直至时装秀的顶峰高潮：走秀结束，掌声雷动。那就是我展示作品的时候。对我来说，最有意义的时刻就在于此。我将在T台上讲述本季属于自己的故事，讲出我的时尚观……

我已经达到了这样的境界，当我在勾勒那些倩影时，笔下的模特已经摆出了她们日后会在T台尽头的摄影师面前摆的造型。就是这么神速。

再次拿起画笔时，就是重新开始"积累、制造和展示"的工作流程。但绘图阶段时间很短，我已经学会不再让其如同一种生理需求那般自然到来。与积累期出的图稿不同，我会对各种灵感做一个筛选，有些东西我不得不放在一边，留到制作阶段再用。还有一些东西，我会像希区柯克那样将其作为疑点暂时悬置。它们在我脑海中形成了一些空白画页，我或许能在本次作品中让其备具形态，又或许不能，或许能留到下一次，又或许并不可行，但还是会留存在脑海的一隅。这一工作流程，在我工作中的重要性是居于首位的。

创作的空档是令人难以忍受的，甚至说无法忍受，所以我在完成手稿时，就在这儿（他在工作流程图上指给我看），便已开始酝酿那个系列了（他指了指下一个系列）。第一阶段剩下来要做的，就是我这边的事，"这就是我的职业"。我知道该怎么做，我有自己的团队。对工作室的管理，即便需要加大注意力，需要安抚，需要严格要求，但这很容易，情况也很好。对我来说，对工作室的管理已不再能给到我更多的养料，因为我知道我要去往何方，我知道一切都越来越容易掌控，而且得不到想要的我是不会罢休的……除非工作室里会出现"神奇的意外"。

一个失败的裙装设计会把我带入当季作品中有关另一款式的灵感高潮，又或者把我带往另一季。

我是公司负责人。很幸运有让-保罗·科文在我身边帮我管理这家公司，因为我的记忆力具有很大的选择性，有时会在某些方面的问题上表现得很超脱。但我并没有忽略这些问题，我知道它们永远不该占满一切，我不能让它们毁了我正在酝酿中的创作构思。有了科文，我可以从日常琐事中稍稍跳出来，很高兴他是个可以信赖的人，我确信他可以做好后勤、行政和公关的工作……大家对我最大的期待，就是始终保有创作灵感，以发展我们的事业，确定我与时尚和风格设计的关系，并预测客户的需求。

我喜欢置身于空地，喜欢让自己害怕。

拥有一家高级时装店，这很重要。喜欢让自己害怕，喜欢未知，因为身处险境是一种非常适宜的刺激，可以激发人的反应力和创造性。这意味着我将在积累、制造和展示的循环往复中度过一生，永远在准备下一季作品。我的下一季作品叫"第一风暴"。作品背后的故事，就是我去买了本介绍花宫娜的书，他画过云彩，我非常喜欢。我又看了一遍科波拉执导的《德古拉》，重温他掀起风暴时的场面。还读了莎士比亚的《暴风雨》……但此时，对我来说还是缺少刺激的成分，我发现自己有点"太保守了"，我可能需要把这些东西和可参考的新的元素融在一起。于是，我看到了电视剧《拉契特》，它让我的脑子里有了一个启发创作的节奏。这太有趣了，让我心潮澎湃，因为剧中不但有惊悚的声音，而且还有典雅考究的色调，把自己所见之物画得看起来更轻盈，对我来说是有益的，平时的我正与此相反。

我知道风暴是回旋式的，我喜欢听它来临之前的声音。这让我想起了一位顾客，一个位高权重的女人。当她私下里来试衣时，总是未见其人先闻其声，或能感觉到她来了。在某种程度上，她就是我的风暴。我的风暴既是我的顾客也是穿着我设计的时装走上T台演绎我作品的模特，这就是即将改变世界的风暴。身为一名高级时装设计师，我的目标从来就不是设计衣衫，而是为女性讲述一个故事，我希望能让她们具有吸引身边所有人的魅力。

开启一天的工作之前，我有一系列的仪式。我真不是个能早起的人，我需要窝在一个"茧"里，早上醒来，喝咖啡、冲澡、刮胡须、染胡须（否则我就是圣诞老人了）。我拿出漂亮的白衬衣、帅气的裤子，皮鞋也要擦得铮亮。

然后，深呼吸。感觉越好，我就越会穿制服，越会选择蓝色或黑色的制服。与众不同的是，我酷爱爱马仕方巾，因为它是世界上色彩最美的时尚品。所以如果我需要佩戴彩色饰品，那颜色一定是鲜艳、考究且闪亮的。而颜色设计做得最好的，就是爱马仕。

我重新塑造了我想成为的那个角色。

在工作室，我通常一切都会画出来，一切都会提前看好，一旦确定了，就不会再变，图样也就因此而化为经典……除非特殊情况，比如出现了一次令人难以置信的小意外，但结果是我非但没有把它搁置一边，反而认为自己应当将其凸显出来。一次小意外，就是一次神奇的失败。比如缝纫过程中的一次失败，又或者是能决定最后使用哪种面料的一个事件。这种失误本应当纠正过来，但它又是那么的具有美感，所以我们决定保留下来，甚至要凸显它……使其成为这一季作品的一个代码，这一特性甚至也可以在其他款式中被放大。

我的团队成员管我叫"吸血鬼"德古拉，因为我对制衣过程的思考极为缜密，我会考虑到所有失败的或成功的可能性，考虑怎样优化时间安排，怎样找到解决办法，一个款式设计得不成功应怎样进行转变。我事先还会非常细致地想到我们挑选出来的制裙师是何种性格,我还知道这个人可能会在什么时候犯什么错。通常,有人想掩盖错误的时候我就会出现。我指出问题所在,这个时候就很有意思:要么,我有一种既视感,一般在问题离我还有10公里的时候我就清楚地看到它们了,于是我知道如何进行解决;要么,从另一角度说就会有惊喜,非常刺激,我将其视作能激发创造性的一种刺激。

> 我常常有这种既视感,经常觉得自己早有感知。

出色表现的动力

我的母亲斗志昂扬地为妇女权益作出了很多努力。我们搬到郊区时,她总觉得自己有这方面的社会义务。当艾滋病袭来时,她成了一名先锋战士,向周围的人推广安全套。每个周末的晚上,父亲团队的朋友和西班牙籍的家庭成员就来我们家聚餐。周六晚上和周日,非洲妇女会来跟母亲一起做长袍……我经历过反对社群主义、提倡思想自由的那个年代,那时,平纹细料做的裙子能和非洲长袍、摇滚青年的机车夹克,甚至是土耳其的卡夫坦长衫同时出现在一处。那种场面很有意思，我想，我的创造力和纷繁多样的想法正是源自父母给我营造的多元文化交融的环境，日日耳濡目染，实属有幸。有一句响当当的话是母亲反复对我说的：

"害怕，是不能让你避免危险的……"

多少次我陷入绝望，因为没有工作，找不到工作，母亲就说："再打个电话试试，做个计划，站在他人的角度上看事情。你跟秘书联系了吗？"母亲或父亲甚至都会假扮成助理，我在后面大模大样地打着电话，但其实那时我只是个孩子……

因为我想进入岗位工作，我想学习。面对一切，我真的做好了准备。

人们常说我今后会在历史上留下自己的足迹，但这并不是我的动力。相反，如果我能够激发起新一代年轻人哪怕是一点点的欲望，让他们想撸起袖子干一番事业，构想宏伟蓝图，如果我能成为这样的领军人物，见证这一切，就太好了。我对此很感兴趣，很想让这样的事成为现实。

我的动力,就是给我爱的人带来快乐。我没有孩子,每半年我会通过一个"新生的孩子"——我的新品发布会将我对人生的感悟展示给大家,这么做是为了博取大众的欢心,首先是为了那些爱我的人。我很喜欢这样,喜欢在时装秀的最后时刻见我的父母。3年前,父亲对我说:"你是我一生的绝美之作,你总能给我惊喜。我为你骄傲!"而我,会通过所学,通过我自身,永葆我们家族的这份高雅志趣。我的父母会因此而得到永生,他们会成为一切的见证者。很有意思,我用一种强烈的、有创意且越来越对路的真实感去讲述我们家族的故事。

> 我想创造神奇的魔力。如果没有魔力,我会死的。
> 要是不对自己说人生是有梦想的,我会死的。
> 要是不给自己讲故事,我会死的。

人不能生活在残酷的世界里,我不能,也不愿。我听到人们诉说各种烦恼,我试着去寻求解决办法;我听到人类可能发出的最可怕的伤痛之声,我什么都能听到。我完全不会排斥,也不会避而不见。相反,我会拿这些来滋养自己,试着用创新的方式——当然我也希望那是一种很治愈的方式,将其变成他人更能接受的东西。还有一点对我来说也很重要，那就是做得越好，朱利安·傅尼耶品牌就越能帮助女性展示真正的自我。我特别喜欢为备受命运眷顾的女性设计衣装，特别喜欢满足她们在生活排场上的需求。我觉得，并不是因为你已经为上次的走秀设计出最幻妙的裙装，之后就不想再设计最幻妙的裙装了。也不是因为照片没能拍得如你想象的那么好，你就不去重拍了，恰恰相反，正是这点儿促使你前进。下一次创作，永远都是最有意思的。

是意外，又或者是你对自己的不满，推着你前行。

出色表现时

一个时装品牌最能吸引我的就是时装秀，就是你将半年的生命用15分钟演绎出来的高潮。

你置身于一个再现实不过的演出现场，若有一个走秀者的鞋跟断了，走秀就失败了。所以需要投入很多精力，事先要做很多事，以确保万无一失，要考虑到所有可能出现的问题，音乐戛然而止怎么办，现场发生骚乱怎么办，一个模特无法到场怎么办……凡事不预则废，我们和让-

保罗一起,凭着经验,考虑到了所有的问题,做了特别多的B计划、C计划,现在我们越来越能从容以对。我们的做法很专业,而且会凭借一种绝妙的本能去跟进各项事宜。要是T台上出现了失误,我们有独家秘籍,能让一切重回正轨。

  所有能给我们带来压力的东西都会变成幸福的源泉,因为它们会让我们的心情激动起来。

我之所以强大,是因为懂得柔弱,这就是脆弱带来的意外收获。就好像一位日本书法家,从年幼时起一直写到50岁,还要继续挥毫泼墨一辈子。他会书写同样的文字,当他技艺娴熟、堪称完美时,当他抛开一切桎梏时,一件艺术作品就诞生了。因为突然有了那么一丝柔弱感,同时又多了几分流畅感,在那一笔一画之中也就多了几分人性。

  作品中少了几分教条,因为他早已掌握技巧,势必浑然天成,我觉得高级时装就是这样。在纯粹的工作表象中,我们能看到其背后五十年的经验。

此外，我还意识到我一直都在用时装讲述自己的故事，而非各种不同的故事。我只讲述自己的故事，讲述我在不同情境下的故事。我的时装秀就是对自己所做的精神分析。如果人们有一双慧眼，他们便能准确地解读我的时装秀，他们会知道我是谁。做得越顺畅，我就越能创造奇迹。

> 我在设计新品的时候，真的是一种赤裸裸的自我展示，且这种情况愈演愈烈，因为我认为弱即是强。

在我看来，要求一个设计者量化自己的创造性和热情是令人无法接受的，问他是否能在未来十年里成为吸金高手也是让人无法接受的。一个设计者怎会知道这些？我们是最先会害怕的人。我们害怕了，但这无济于事，并不能避免危险的事情发生！这个社会讨厌那些思想自由的人！人们讨厌那些设计者，他们只想要笛卡儿式的理性主义者。新冠疫情之下，母亲对我说："医生能有千千万，但有一个人能让大家幻想一番，是件好事……总之，我想我很高兴你能成为一名时尚设计师。"

> 我的出色表现的本质，就是具有超级创造力。

真的进入恰到好处的状态时，会很神奇。在时装秀的最后时刻，一切都很顺利，你向聚光灯走去，内心发怵，但你走到聚光灯下，接着走到T台末端，你向观众致以微笑，那一刻，很神奇。你的肾上腺素会突然飙升，但这并不是最重要的。最美的时刻，就是当我转身，看见让-保罗、雅克琳娜等人的笑容或泪水……我想，我和我所爱的人是心灵相通的。

人们总说有钱并不好，"要对自己普通的生活感到知足"，而当你开始向他们展示什么不可思议的东西时，他们不愿去看，因为这会提醒他们自己是普通人，而这种感觉糟透了。以前，我们去图书馆查资料，想找关于雅克·法特的书时，意外地会遇到关于查尔斯·詹姆斯的书，想找查尔斯·詹姆斯时，又会看到伊尔莎·斯奇培尔莉的书。如今，你上网搜索迪奥时，出来的信息总是关于迪奥的，你会看到对应的图片，当然，那些图片也是网络想展示给你看的，不会有意外的东西。但其实，没什么比意外更能让人萌生灵感了。

意外很美妙，失误，给自己机会失误，然后，你可以重回正轨，打造一个全新的自己。

高潮时刻，就是你身处浮云之上，肾上腺素飙升的时候。时装秀结束后的一两个星期里，我总还会有些激动，有些疲惫，有些疯狂，有些沮丧。真是不容易，整个工作室的成员都有点脚踩棉花、身在浮云的感觉，但我们还是很开心的。让-保罗会把时装秀的视频传到网上，我们第二天会等他一起来看。那是我们的一个仪式。几天后，我们还会用批判的眼光再看一遍。

> 每次都想看看我们有没有更上一层楼，我们的目标就是不断进步，我们知道自己在一级一级往上走。

一级一级台阶走完之后呢？还会有新的台阶，"天就是终点"。到了最后心灵相通的那一刻，到了时装秀的尾声，我就特别希望下一场赶快来临。

> 我想我是害怕空虚，害怕一切停下来。
> 我需要始终能量满满地向前走。

懂得遗忘

弗里德里克·米查拉克

"你若向我发起挑战，我必欣然前行。"
[于2020年6月30日17时采访]

官方简历：
职业橄榄球运动员（2001至2008年）、Sport UnlimiTECH 公司总裁、摩纳哥七人橄榄球俱乐部秘书长、My Events Group/My Video Pro 合伙创始人、法国土伦Flux综合体能训练馆合伙创始人、法国布拉亚克橄榄球俱乐部董事

我在他身上看到：
力量、睿智和对他人的尊重

出色表现的沃土

米查拉克是个波兰人的名字。我祖父是波兰人，娶了一位意大利女子为妻。他后来来到法国，在矿上工作。我的父亲是一名泥瓦匠，母亲靠给人做家务为生。他们在我10岁的时候离了婚。我有一个哥哥，两个妹妹。父母离异后，我跟父亲和哥哥生活，妹妹跟妈妈生活。父亲再婚，第二任妻子带了一个女儿来。父亲做什么都会很专注，很有敬畏之心，抚养教育孩子也是一样。我们小的时候，常在大街上玩耍，没怎么上过学。父亲打橄榄球，但我一直喜欢的都是在街上踢足球。我一天到晚都在外面，运动对我来说是一种动力。我的学习经历很快就跟体育联系在了一起。儿时的那些梦想让我告诉自己："有一天，我会成为一名橄榄球运动员。"

这是我想做的，且早先就知道自己可以做到。

我童年的经历，包括曾经的心灵创伤都给了我一种精神力量。尤其是在我身边有一群人，他们都知道如何才能有水平高超的出色表现，如何做好准备，那就是要大量练习、大量付出。人在年幼时是不懂事的。在运动方面，父亲一直都在身边陪伴着我。

　　我的一切都是在精神上取胜，我本身并没有特殊的天分。

我的灵感有很多来自素有"魔术师"之称的篮球运动员约翰逊和橄榄球运动员克里斯托夫·德劳。我也看壁球比赛，壁球运动员的动作常常给我启发。他们都是些技巧性特别强的运动员，能做到别人做不到的。父亲从不拔苗助长，而是鼓励我。他时常对我说："下一次，你会做得更好。"在我内心深处，这已经远不止运动了，而是我的一种自我表达方式，是我在并不有利于找到平衡的家庭日常环境中所开辟的一条出路。我的朋友们，还有一两位帮助过我并把我送进寄宿学校的老师，也给了我成功的可能。每天早上，他们都喊我起床晨跑。

　　在某一时刻，有人向你伸出手，要是不去抓，你就倒了。

我父亲是对孩子特别上心的那种。他希望我们一切都好，是他用聪明才智和以身作则的榜样行为让我知道要想挣钱该做些什么。他在爷爷的陪伴下独自一人建起了自己的房子。他不是那种口若悬河能说会道的人，但大家都很赞赏他。我的母亲是个孤儿，在省公共卫生和社会事务局下属的福利院长大。我的家庭状况以及家庭成员之间的关系都是很复杂的。我们在小的时候还不能彻头彻尾地看懂这一切，母亲的离家出走也一度让我们很伤感，但同时，家里再也没有父母为了日常琐事而发生的争吵，对我们来说也是一种释然。

如果一切都很美好，我不敢肯定自己能成功。我不能肯定幸福会让我们拥有强大的精神力量。

我有一群伙伴，他们都喜欢打橄榄球。我5岁时就认识了他们，直到现在我们关系都很好。我们都进了一个名叫"图卢兹体育会"的橄榄球俱乐部，但很遗憾，俱乐部最后只要了我，而没有把他们留下来。我的橄榄球生涯就是从这个俱乐部开始的，梦想也在这里萌生。接着，我去了南美，后来又回到了图卢兹，然后去了土伦，再后来又去了里昂的"LOU Rugby"俱乐部。

出色表现的日常

我对于成功的看法以及有关成功的价值观就是：重要的不是结果，而是每天的付出。

要让汗水湿透球衣。高水平的出色表现，就是要去想如何始终保持领先，同时也需要承受打击，接受不理想的成绩，进行自我反思。伟大的冠军正是在经历挫折时诞生的，他们能在跌倒后爬起。没有哪一个冠军能在整个职业生涯中一直处于顶尖水平。总会有人批评你，也总会有困难。冠军的想法，就是始终要往高处走，而其他人很快会顺势倒下。

我在队里是领导者的角色，我不会用言语去解释什么，而是用榜样的力量去彰显。当你了解面前的这个人时，你就可以把他的特点确定下来。如果要我去招人，我会去寻找应聘者应聘的目的，看看他在危机时刻会在团队中作出何种反应。我们的队员，在上学的时候互不相识，各有各的特点，我并不是文化课最好的那个。

上学的时候，我读不进去书，因为环境没有对我形成刺激。

读书时，我学习成绩很差。我拿到了初中毕业证，但没拿到高中毕业证，因为成绩不好，学业前途渺茫，普通高中不录取我。于是，我去读了个职业商校，但早早就休学了，因为17岁时我已经是职业橄榄球手了。今天，我在里昂商学院又重拾了学业，想学一些基础的知识，也想让自己对世界充满好奇。我在团队协作方面能力更强一些，这是与生俱来的，因为我已习惯了群体生活，即便有时我也很喜欢孤独。

说到事业方面，我在很年轻的时候就有艺术倾向。我酷爱街头艺术和时尚。我会为朋友们创作艺术画作，给一些协会拍照片。我组织设计过盛大节日的游行活动，还开过餐馆和夜总会。

> 这些对我来说常常是挑战，因为挑战能让我行动起来。友谊也是。

有时，我会产生受害者的心理，但这并不是我内心真实的角色。其实，一切都取决于实际情况，取决于我们想要将自己置于何种角色中。根据卡普曼的三角学说，我们会轮换着扮演三种不同的角色：迫害者、拯救者、受害者。坐到受害者的位置上时，其实就是在玩一场心理游戏，要想走出来还是比较容易的……但有时，会有人把我放在受害者的位置上，我有时也会把自己放在拯救者的位置上！所以，要懂得游戏规则。

出色表现的动力

准备阶段非常重要。我们尝试着规划演练传球过程，但这似乎有些徒劳，因为赛场上我们往往面对的是没有预料到的情况。

> 部分凭借的是直觉，完全没有准备的，但的确可以让你做出正确的决策。

我是个凭直觉打球的人，没有刻板固化的思维，也从未试过把自己禁锢起来。当这种无拘无束的做法成功时，我会在一段时间内感到欣喜，但还是会保持谦虚，因为我觉得自己所做的是很平常的事。有些球员非常刻板，这是其所受的家庭教育和体育教育模式导致的。如果你的教练一开始就禁锢了你的思想，对你说："在最初的10分钟里，你应该这么做。"那么，无论涉及的是哪种运动项目，你都会变得比较固化。

我们，在图卢兹的学校里，学了如何玩球，如何通过击球来创造机会。

这给了我们一种能力，但也会有不足，比如说我不像一板一眼的乔尼·威尔金森那么惯用技巧。我从事橄榄球运动的时间比较晚，但我也按部就班地学习了经典打法，所以，灵活和刻板，两者都要具备。威尔金森所接受的教育是，如果你与目标的距离在30米之内，就一定要这么做，而我们则是要传球、击球或灵活处理……我们会让自己适应场上的实际情况，以控制球在空中的运动。

谁获胜了，谁就是出色的球员。与技巧和风格完全无关，是超越其上的。

心理素质很重要，因为要想达到最高水平且保持下去，需要经历艰苦的训练。达到最高水平，难；要保持，更难。这需要在漫长的职业生涯中始终处于非常高的水平。

我认为心理素质是可以自生自建的。要是不经历困境，不经历失败，我们是无法锻炼自己的心理素质的。

我们遇到问题时可以求助于外界人士，比如心理辅导师。他们有专为出色表现设计的一整套方法。在压力下工作的人需要锻炼自己的心理素质。要借助体测数据、视频数据和统计数据来分析自己为什么会失败。而在表象的背后，一切都取决于自我定位。我们可以把自己定位为受害者，也可以勇敢地向前走。卡尔·海曼是新西兰国家男子橄榄球队——"全黑队"的一名队员，和他打球的时候，他会对你说：

"如果没什么积极的话要说，就闭嘴吧！"

这是一位常胜球员。他们整个队的球员都有这种求胜心，而且能从消极情绪中走出来去想想别的事。而法国人很喜欢身陷泥潭无法自拔，而这支球队的球员们则能看到积极的东西。他们认为一切都取决于想问题的方式和表达的方式，要么积极，要么消极。

死亡的问题，我觉得不是很重要。如果我有个什么三长两短，你把我埋葬在橄榄球场近旁就好。

我人生的动力，就是向前看，向前进。

出色表现时

要懂得遗忘。想忘掉什么,是很难的,因为它会从内心走出来慢慢吞噬你。

出色表现,也体现在你树立的榜样的形象里。有时,你忘不了。但你可以从身体语言的角度想想,你总不能头朝下走过来吧?某些人出问题的时候,我们立刻就能看出来。

高水平的出色表现者,成功的愿望会慢慢吞噬他。那是一种执念。

他通过日常工作,通过调整用餐、睡眠的方式等来克服心中那些无法忘却的东西,他让自己重新进入高水平的状态,信心也便随之而来。失败的时候,情绪会进入一个低迷期。它会慢慢吞噬你,如果你没有这种感觉,那就说明你是那种什么都不在乎的人,而这也会成为你出色表现的障碍。有些人就是这样,他们个人主义倾向很严重,而且不是水平很高的运动员,因为他们看不懂这项运动的本质。一切都取决于具体情况,你应跟据具体的情况作出应对。18年的职业生涯中所发生的事从来都不是一样的,有时顺风顺水，有时万事皆难。

其实，一切都取决于你的无意识。

18岁时，我第一次进入了法国锦标赛的决赛。我从50米开外的地方起步，一个人就进了四五个点球。击球，球进了，这很简单。我的内心会一阵狂喜，但如果你看我的表情，什么也看不出来。因为，对我来说，能进球很正常。我内心非常喜悦，我的家人坐在看台上，我穿着自己最爱的球衣，但我感到自己有一种谦逊之心，觉得这是很正常的事情，本就该如此。

你知道自己是那颗小星星，一直都在那里，你也知道这一切都是理所当然。

接着，你会剑走偏锋，一回、两回，而高水平运动员强就强在能在精神上战胜困难。当你膝盖受伤了，需要半年才能恢复，在这种情况下，你就进入了一个情绪低迷期，你接受手术治疗，你的第一个目标就是让膝盖可以正常弯曲。你让自己进入状态,不断恢复,直至恢复到原有的最高水平。你回归原本的日常,以便让大脑接受这一点。然后,在一定程度上也要看运气了。在集体运动项目中,还是有不少进攻型的球员。球能不能落到你这儿,是需要运气的,但其实,你也可以做些什么让球过来。有些人说:"一切天注定。"是,当然,但我就像是一个狙击手。我对自己说:"这是我想做的。"但我同时会给自己留出适应的时间。这也是我的人生信条:我有自己确定的价值观,但我可以去澳大利亚或世界上的另一个地方生活,因为我不会把自己关在不开心的地方。要活得舒服自在,对所处环境有一种开放的心态。我的一个孩子就出生在南非。到不同的地方旅行,和不同的人相遇,能丰富我们的人生,也能让灵魂游历四方。我和妻子都不怎么看新闻,我们试着活在当下,不让自己精神焦虑。

冒险,对我来说是很自然的事。

挑战能让我行动起来,我很喜欢行动阶段。你若向我发起挑战,我往往会欣然前行。

Le Secret des Performants by Fanny Nusbaum
© ODILE JACOB, 2021
This Simplified Chinese edition is published by arrangement with Editions Odile Jacob, Paris, France, through DAKAI - L'AGENCE.

未经许可，不得以任何方式复制或抄袭本书之部分或全部内容。
版权所有，侵权必究。

版权贸易合同登记号　图字：01-2022-6408

图书在版编目(CIP)数据

出色表现的秘密 / (法) 范妮·尼斯博姆 (Fanny Nusbaum) 著；王存苗译. — 北京：电子工业出版社, 2023.4
　书名原文：Le Secret Des Performants
　ISBN 978-7-121-45050-1

Ⅰ.①出⋯ Ⅱ.①范⋯ ②王⋯ Ⅲ.①成功心理–通俗读物 Ⅳ.①B848.4-49

中国国家版本馆CIP数据核字(2023)第027627号

总 策 划：李　娟
执行策划：王思杰
责任编辑：杨　雯
营　　销：都有容
印　　刷：北京盛通印刷股份有限公司
装　　订：北京盛通印刷股份有限公司
出版发行：电子工业出版社
　　　　　北京市海淀区万寿路173信箱　　邮编：100036
开　　本：787×1092　1/32　印张：13.75　字数：231千字
版　　次：2023年4月第1版
印　　次：2023年4月第1次印刷
定　　价：66.00元

凡所购买电子工业出版社图书有缺损问题，请向购买书店调换。
若书店售缺，请与本社发行部联系，联系及邮购电话：(010)88254888, 88258888。
质量投诉请发邮件至zlts@phei.com.cn，盗版侵权举报请发邮件至dbqq@phei.com.cn。
本书咨询联系方式：(010)57565890, meidipub@phei.com.cn。

人啊,认识你自己!